作家榜经典文库®
★ ★ ★ ★ ★ ★ ★ ★ ★ ★
读 经 典 名 著 ， 认 准 作 家 榜

U0518188

大方
sight

本书根据西班牙马德里 TURNER LIBROS S.A. 出版社
1993 年版 *OBRAS COMPLETAS DE BALTASAR GRACIAN, II*
（《巴尔塔萨尔·格拉西安全集（二）》）译出

智慧书。

假如我现在25岁 最想做的N件事

[西] 巴尔塔萨尔·格拉西安　著

张广森　译

中信出版集团 | 北京

图书在版编目（CIP）数据

智慧书：假如我现在25岁，最想做的N件事 /（西）
巴尔塔萨尔·格拉西安著；张广森译. -- 北京：中信
出版社，2018.7（2020.12重印）

ISBN 978-7-5086-9135-0

Ⅰ.①智… Ⅱ.①巴… ②张… Ⅲ.①人生哲学—通俗读物
Ⅳ.① B821-49

中国版本图书馆CIP数据核字 (2018) 第138112号

智慧书

著　　者：［西］巴尔塔萨尔·格拉西安
译　　者：张广森
出版发行：中信出版集团股份有限公司
　　　　　（北京市朝阳区惠新东街甲4号富盛大厦2座　邮编　100029）
承　印　者：浙江新华数码印务有限公司

开　　本：889mm×1194mm　1/32　　印　　张：10.25　　字　　数：221千字
版　　次：2018年9月第1版　　　　　印　　次：2020年12月第4次印刷
书　　号：ISBN 978-7-5086-9135-0
定　　价：39.80元

新 版 导 读

巴尔塔萨尔·格拉西安（Baltasar Gracián，1601—1658）是西班牙文学史上与《堂吉诃德》作者塞万提斯齐名的代表人物。

与同代人相比，格拉西安的生平经历可以说是平淡无奇，既不像塞万提斯那么坎坷多难，也不像西班牙著名剧作家、诗人洛佩·德·维加那么放浪不羁。

格拉西安出生于阿拉贡地区的小镇贝尔蒙特一个虔诚的天主教家庭，先后在当地、托莱多及萨拉戈萨求学，18岁那一年加入耶稣会，获得神父职衔后，教授过文学、语法、神学，当过讲经师、军旅神父、告解神父，也曾担任过耶稣会学校校长的职务。他虽然毕生献身于耶稣会，但却始终得不到修会上层的欢心，以至于正值壮年就郁郁而终。

格拉西安除了是位恪尽职守的宗教人士之外，还是一位思想家、哲学家，对人性、人品、修身、处世等方面有着透彻的研究，对世俗、世风做过尖刻的批判。

作为心系红尘的修道士和作家，格拉西安的绝大部分作品都是假托其兄弟洛伦索·格拉西安的名字发表的，正是由于这个原因，他才被其所在的修会一再地以"未经许可，化名发表有欠严肃而且与其身份不符的著述"的罪名予以谴责和处罚，最后竟至落到被解除职务、软禁在家、禁止拥有纸笔的境地。

格拉西安的第一部作品《圣贤》（1637），虽然只是一本仅有二十段短文的小书，但却使他一夜成名。作品援引了许多古代帝王和名人作为典范，但是，用意不在于宣扬他们的业绩，而是着重解析他们之所以能成功的品德，寄望于将他们的所有特长齐聚于一人之身，从而造就出理想中的"完人"。他在该书的前言《致读者》中明白宣示"渴想用一本小书造就出一个巨人"，所以，奉献给读者的是"修身的标准、导航的罗盘、通过自律而超凡脱俗的要义"。

此后先后出版《政要》《智者》《机敏与智巧》《圣餐祷辞》，格拉西安的这些著作毫无例外都是讲做人的规范和处世理念，有着明显的教化用意：《圣贤》教人成名，《政要》教人垂史，《智者》教人处世，《机敏与智巧》教人作文，《圣餐祷辞》教人寡欲。

格拉西安三卷本的《漫评人生》，则将叙事同对社会的嘲讽与抨击融为一体，揭示出了少年及青年时期充满假象与幻想、纵情与轻狂以及壮年和老年时期由省悟而深感苦涩的人生历程，被誉为与《堂吉诃德》并驾齐驱的不朽经典。

德国哲学家叔本华在 1832 年 4 月 16 日的一封信中写道："格拉西安这位哲学家是我最喜欢的作家，我读过他所有的作品。我认为他的《漫评人生》是世界上最为优秀的作品之一。"他在其代表作《意志与表象的世界》中更进一步说道："《漫评人生》也许是有史以来最伟大、最优美的寓言。"

不过，格拉西安最重要、流传最广的作品，当属荟萃了三百段作者理想中有关做人、行事原则的箴言录《做人要义与修身之道》。

《做人要义与修身之道》被认为是西班牙文学中最有趣味和最能引人入胜的作品。由于其表现形式为格言，从某种意义上来讲，也最能引发读者思索与联想。本书是格拉西安作品中在国外流传最广和再版次数最多的一部：仅于1686至1934年间在德国就先后出现过十个译本，其中叔本华的译本从1935到1953年竟然接连再版了十二次。

有评论家认为，格拉西安即使没有写出《漫评人生》，仅凭《做人要义与修身之道》就足以确立其在西班牙文学史上的崇高地位。叔本华虽然没能最终实现将《漫评人生》译成德文的宿愿，但是，他的《做人要义与修身之道》的译本却成了德语文学的经典。尼采在其遗作及通信中曾六次提及这位西班牙思想家，他断言"在剖析道德方面，整个欧洲没人能比格拉西安更为缜密、更为精细"。

格拉西安被奉为西班牙语言文学大师，而且他的著作被视为西班牙文学史上的哲学基石。然而，他的历史地位的认定却经历了一个不可思议的漫长过程。

早在格拉西安还活在世上的时候，他的作品就已经开始流传到了国外，首先是法国，很快就被介绍到了意大利、英格兰、荷兰、德国、俄国、匈牙利、罗马尼亚，其中尤其是在法国传播最广、影响深远，拉罗什富科、拉布吕耶尔、圣埃弗勒蒙、费奈隆、尚福尔、沃夫纳格、伏尔泰及高乃依等道德伦理学家的作品都显露出其思想影响的痕迹。他的思想对德国17—19世纪的哲学家——特别是叔本华和尼采——产生过重要影响。

与这种情况恰成对比的是，在其祖国西班牙，格拉西安的作品虽然从1663年起就接连再版甚至被许多人剽窃，但是其文学价值却始终得不到承认，不仅如此，还一再被斥为艰深、晦涩，故而一直被评论界所不屑。直到20世纪初，西班牙著名作家阿索林、乌纳穆诺等一些有识之士才对格拉西安进行了重新认识和评价，还他以公道，终于使他得享本应属于他的尊荣。

格拉西安毕其一生的精力探讨做人与修身的道理，相信他对自己提出的种种规范也一定是谨行不悖，而且也许还真的成为了他自己理想中的"完人""圣人"。然而，毋庸讳言，他的真实人生很不成功：生前没能得享应享的荣宠，直到死后两百多年方才被西班牙国内的学界接纳和认同，从而成了"墙内开花墙外香"的典型例证。

《做人要义与修身之道》由我从西班牙原版原文直译而来，2002年中文简体版首度出版，出版十多年来，通过各种途径，无数读者表达了对这个译本的喜爱和赞誉。

正因为喜爱者众多，所以这次借再版之机，我做了一次全新修订，尽管工程量远远超过预想，总算大功告成。这次修订，牵涉到理解、表述、文字润色等诸多方面，也纠正了老版本中的许多纯技术性的错误（如错别字及打字错误等）。个别条目，此次几乎是重新译过。

关于书名，原文是 *Oráculo Manual y Arte de Prudencia*，作者格拉西安在谈到这本书的时候曾经说过，之所以将"这本有关人生规范概要"的书定名为 Oráculo（神谕，神命，天意）是因为其内容"精辟而凝练"。综合其他几个单词的含义：manual（手边的，手头的，伸手可及的），arte（艺术，技艺，熟巧，机智），prudencia（慎重，审慎），我将之译为"做人要义与修身之道"。我觉得这样翻译更贴近原文。当然，这只是从译者的角度考虑的结果。

为使更多读者能够了解这部伟大的著作，作家榜启用了更加简短和容易记忆传播的名字《智慧书》。我相信，亲爱的读者，只要您认同或遵行书中的观念，就永远不会使自己落入窘境，您就是一个真正有智慧的人。而智慧，永不过时。

张广森
于北京外国语大学

做 人 要 义 与 修 身 之 道

凡 事 皆 天 定 ， 唯 有 做 人 难 001

当下对于智者的要求远比过去高上七倍，现如今，仅同一个人交往，就需要具有古时候应对整整一个民族的才智。

天 资 与 智 慧

天资与智慧是展现才情的两大根基。少了哪个都会酿成半途
而废的结局。

只有聪敏是不够的，还得要有天赋。误将命运寄望于身份、
职位、乡谊与家世是傻瓜失败的根由。

对出奇的赞叹就是对成功的欣赏。

和盘托出不仅于事无补，而且也不会讨人喜欢。隐而不宣自会令人浮想联翩，职位越高所能引发的关注也就越加广泛。任何时候都要显得有些神秘，并以高深莫测的态势让人敬畏。

即便是在吐露实情的时候，也应力避直白，就像在与人交往的过程中不能对什么人全都推心置腹一样。

刻意缄默是慎行的铁律。公开了的决策绝对不会得到尊崇，反倒要招致非议，而且，一旦出了意外，则必将惨之又惨。所以，面对睽睽众目，还是效法神明吧。

智 勇 互 济 成 就 伟 业

智勇长存，故而造就不朽之人：人有多少知识就有多大本领，智者无往而不利。

孤陋寡闻者，活得浑噩。

兼听而勤奋，眼明加力行。无勇辅佐，知识难显其功。

神灵之所以成为神灵，并非因为身着金装，而是由于有人膜拜。聪明人更希望的是被人所求而不是被人感戴。相信鄙俗感激是对谦恭期待的漠视，因为，期待历久难忘，而感激则是事过境迁。

人们通常都是从别人对自己的依赖而不是感戴中获得更多的好处。人在消除燥渴之后，必定马上转身离开泉源；柑橘只要被榨干了汁液，立刻就会从宝贝变成粪土。依赖关系一旦完结，回报也就必然终止，随之而去的还有那份敬重之情。

请尽量把延续这种依赖而不令其结束当作人生经历中的教训和辅助手段吧，即便是对顶头上司，也要使之保有永远都离不开自己的感觉。不过，万万不可达到眼看着他误入歧途也默不作声的极端地步，也不能为了一己之私而让别人遭受不可弥补的伤害。

做 人 要 做 到 极 致

没有天生的完人。

操守、事业都是日积月累渐至极致，从而使美德和声名齐聚于一身：拥有高雅的情趣、纯正的心机、成熟的思辨、高尚的志向。

有些人永远都成不了完人，总是缺点什么，还有些人需要迁延很久才能达到完美的境界。

真正尽善尽美之人总是敏于言、慎于行，能够被精英分子的特殊群体接纳乃至心仪。

落败总是令人懊恼的事情，而强过主子不是愚蠢就是自寻末路。卓尔不群向来讨嫌，尤其是在相对于位居己上者的时候。

一般的长处可以刻意加以遮掩，比如用不修边幅来掩饰天生丽质。肯在时运和性情方面示弱者大有人在，可是自认才不如人者却绝对没有，人君尤甚。

才智是至高的天赋，所以，亵渎天赋也就成了大不韪的事情。君临天下者总是希望在这个最重要的方面高居人上。王公贵胄喜欢得到辅佐而不是被人超越。

谏言最好是作为对疏漏的提示，而不应直指为才气不足。流星恰恰给了我们这样的启示：尽管同属发光物体的谱系，而且也的确能够发出耀眼光芒，但却绝对不敢同太阳争辉。

免受情感左右
是精神境界的至高表现

自身的卓越可以使人不被一时的鄙俗情绪所左右。没有什么能比把握自己、把握自己的情感更难，因为这是意志的胜利。

即便是在情绪到了难以控制的地步，也不能令其殃及职守，更不可使之损害比职守更为重要的一切其他事务。这是维护自己的声名，减少乃至消除不快的文雅方式。

水质会因为流经的河床而变得或好或坏，人会因为出生的环境而有所差异。

每个人都或多或少地会受其故土的影响，因为那儿的环境更具感染力。所有的国家，即便是最为文明的地方，全都难免会有某种独具的缺欠，而这类缺欠又总会被其邻邦出于或警惕或自慰的动机予以诟病。能够克服抑或至少是清楚认识这类源于地域的缺欠，应是值得称道的聪明。

努力去博取出类拔萃的美誉吧，因为凡事都会因为出乎意料而格外受到重视。此外，血统、地位、职务乃至年龄也都可以成为负累，如果令其齐聚于一身而不是着意加以提防，必定会造就出一个令人无法容忍的怪物。

钱 财 与 声 名

钱财有尽，声名恒久；前者用于生计，后者可以流播。钱财有招致妒羡的可能，声名则要面对湮灭的前景。

钱财可求，也许还会越聚越多；声名则是日积月累而成。

毁誉源自于人品。从古至今，声名总是与要人相伴并行，而且一向只取极端：要么是奸雄要么是俊杰，不是面对诟骂就是备受称颂。

要从结友中获得学识，要从交谈中汲取教益。要化友为师，将学习的苦心融汇于言来语往的愉悦之中。要尽享同智者交往的乐趣，使所言博得闻者喝彩，借所闻增长才干。

一般说来，正是自身的品格——当然是指高尚的——决定着我们是否能够得以接近别人。有心者只出入于君子贤人那堪称光明磊落行止舞台的陋室，而不涉足于奢靡虚华的殿堂。

有些公认的仁人志士不仅能够以其举止言谈表明自己集所有高贵品德于一身，而且其身边的亲朋好友也必定是温文敦厚的儒雅学子。

天 资 与 修 炼
恰 好 似 材 料 与 做 工

不经修饰，无以为美；不加雕琢，璞不成玉。瑕当除，瑜宜显。

人皆生而为善，我们应当自勉。

天生佳材，未予加工也只是毛坯，不经雕琢的结果只会是瑕瑜参半。缺少了修炼，谁都难免流俗，所以必须认真打磨以臻完美。

行 事 都 有 动 机，
只 是 时 暗 时 明 而 已

人生原本就是同人的恶念争斗的历程。

工于心计的人惯用各种狡诈手段；说与做永远都是相互背离：口说的只是施放烟幕，其实是刻意佯装无所用心，力图以奇致胜并时刻准备否认；先是抛出一种说辞以期确保不被对手注意，随后又立即加以反驳，让人始料不及并从而博得先机。

不过，真正聪明的人已经有所防备，思索着如何应对：总是反向理解并立刻识破任何虚假企图，略过一切明示的动因并等待着对付暗藏的用心乃至其他的招数。

别有用心的人一旦看到计谋得逞，必然会加倍掩饰自己并试图以真乱假。这其实只是变换手法而不改恶癖、以不使计谋为计谋，将自己的狡诈寄望于别人的天真。这就需要认真观察，明辨其伎俩，揭示出光明遮掩下的暗影，破解其越是简单也就越是虚伪的真实图谋。皮同①就是这样以其热忱来对付阿波罗耀眼光辉的纯真的。

————

① 皮同，又译皮松，希腊神话里守护德尔斐（又称皮特）的巨蛇，后被太阳神阿波罗杀死。

只有实质是不够的，还需要有相应的配搭。

错误的方法会葬送一切，甚至包括理与利。方法得当一通百通，能使拒绝变得柔和，会让忠言听来顺耳，甚至可令老人年轻。

如何行事至关重要，谨言慎行能够讨巧，举止得体是生存的诀窍、是确保诸事顺遂的奇妙法宝。

让 他 人 之 智 为 己 所 用

位高权重者之所以成功，在于能够得到可以为之解惑、排难的聪慧强人辅佐。

善用有识之士是一种不凡的大德，远远胜过提格兰①那种强逼降君为仆役的蛮趣。巧妙地使生而强于自己的人臣服是更好把握人生的另一种方式。

学海无涯，人生苦短，不善学者则难以为生。

所以，不劳而增识是超凡的智慧。知众人之所知就能化众人之学为己学。然后就可以公开地代众言事，或者成为所有

---

① 提格兰（约前140—约前55），史称提格兰二世，亚美尼亚国王，在位时期（前95—约前55）国势极为昌盛，曾自称"万王之王"，后被罗马大将庞培征服。

谏言者的喉舌，从而假他人之力博得大智大慧的声名。

智者首先是学有所专，然后又将所学的精髓为其所用。不过，如果不能求知于仆从，则当就教于亲朋。

心 正 而 后 求 知

心正而后求知，才能确保功效卓著。

聪慧一旦同邪念结亲，必定贻患无穷。心术不正对劭德而言无异于毒药，如果再配之以学识，危害更甚。

才高而行恶，实在堪悲！有才学而无头脑，实为双倍的疯狂。

变 换 行 为 方 式

为了迷惑别人，尤其是对手，不能总是按照一个模式行事。

不要死守初衷，因为人们会发现你一成不变，从而对你有所提防以至于使你遭受挫折。鸟儿如果照直飞翔，很容易会被猎杀；若是盘旋腾降，结果自会不同。

也不可以改过之后就不再变化，计谋试过两次，就会被人识破。高明的弈手绝对不会走出对手已经预料到的棋步。

勤 勉 与 聪 慧

没有勤勉与聪慧，绝对不可能成器；二者兼具，功成名就轻而易举。

勤勉的凡人会比慵懒的才俊更有作为。用奋斗去博取功名吧，轻易能够得手的东西，值不了多少钱。即便是简单的工作，有些也需要刻苦努力。

勤勉很少会掩没才情。因为，想在高级岗位上做得普普通通，没能在平凡人中出类拔萃者，常常会以不屑为托词。然而，本可以在平凡岗位上卓尔不群，却甘愿满足于在高级岗位上表现平平的人，可就没有借口了。

所以，天赋和后学二者都是需要的，起决定作用的则是勤勉。

凡事如果预想得过美，结果一旦不如设想，就会让人大失所望。

现实永远都不可能跟设想一样，因为想象圆满是容易的，而达到却很难。想象向来和愿望紧密相连，而且总是非常不切实际。结果即便再好也不可能跟预期的一样，而且，由于好的结果常常会因为期待过高而让预期落空，于是接下来激起的是失望而不是欣喜。

希望是不同凡响的假象制造者，要用理智去加以校正，力求让知足胜过欲望。一定的预估是为了唤起兴趣，而不是拿所追求的目标去做抵押。结果好过设想、好过预估是最佳收场。

这一原则不适用于坏事：因为，对坏事，想象得严重些反而有益，可以让人庆幸其没有那么坏，甚而至于让人觉得，并没有像原来担忧的那么糟糕而变得可以接受。

生 逢 其 时

旷世奇才都是由时代造就而成的。

并非人人都能生逢其时，很多人虽然生逢其时，却又未能很好地把握。有的人就是生不逢时，因为，并非好就一定能够无往不利。

凡事均有其时，才俊也是应时而生。不过，学识是永恒的，其好处在于：如果此非其时，必将另有许多别的勃发之机。

时运自有其所循之规，对于智者而言，并非全然不可捉摸，而是可以通过人力加以掌控。

有些人满足于讨好地站在命运之神的门前等其赐福。另一些人却不然，他们继续前行，因为有节操和勇气作为助力，能够理智地毅然与之接近并博取欢心。

不过，说得哲学味一点，那就是：品格加用心是不二的利器，因为成功与失败，只不过是操作得体与不得体的差别罢了。

高雅喜人的学识是有为者的资本，博采一切有用之学，取其精髓、去其糟粕；言谈成珠玑，举止显洒脱，并能收放得宜。

戏谑中的警示常常会胜过一本正经的说教。

对某些人而言，可以融入交谈的知识远比所有的七艺①都更有价值。

---

① 七艺，中世纪欧洲学府中所设置的语法、修辞、逻辑、算数、几何、音乐和天文学科。

真是堪称美中不足，很少有人能没有品德或生理上的缺欠，这些缺欠原本很容易消除，但是人们却常常会护短。

一个很小的瑕疵也许会令其所有别的许多长处受损，一片乌云足以遮住整个太阳，这委实会让明智的人为之扼腕。

声名上的瑕疵马上就会被心怀叵测的人注意乃至瞩目。化瑕为瑜才是绝顶聪明。恺撒就曾经用桂冠来掩饰自己天生的缺欠。①

---

① 相传古罗马的独裁者尤里乌斯·恺撒（前100—前44）曾用桂冠遮饰自己光秃的头顶。

约 束 想 象

对于想象，有时应该遏制，有时却要助推，因为想象制约着悲喜乃至会影响理智。

想象犹如暴君，不仅不会止之于思，而且还要显之于行，甚而至于常常会左右生活。视其愚蠢所及的程度使之变得或惬意或沉重，因为它能够让人对自己或不满或知足。

对一些人，想象仿佛蠢材们自家的杀手，是持续不断的折磨；而对另一些人，想象又以轻松的自负承诺成功与奇迹。如果不极其慎重地把握，想象完全可能导致各种各样的结果。

善于思索曾被视为道中之道，但是现在已经不够了：还需要能够推导，尤其是在想要避免上当的时候。

做不到能察善辨就成不了聪明人。

有人就能够知人心、解人意。至关重要的事理常常在欲言不言中，必须竭尽全力去揣度有心之人：对有利的事，多留点心眼；对讨厌的事，宁信其真。

知 人 弱 点

知人弱点是左右其心的诀窍，这尤其要靠技巧而不是意愿：必须知道该从哪里入手。

无人没有癖好，而这癖好又因志趣不同而千差万别。人各有志：有人重名，有人趋利，大多偏爱享乐。

诀窍在于摸清每个人的追求，以便加以调动，了解了每个人的真正所图，就如同掌握了打开其心扉的钥匙。首先必须找到并非一定是其终极追求的突破口。这突破口大多情况下都很不起眼，因为，人世间纵欲贪欢者总是多于循规蹈矩的人。

对一个人，首先一定要了解其脾性，继而直击要害，投其所好并最终摧垮其意志。

完美指的是质而不是量。

举凡真正的好必定是少而奇：多则必滥。人也一样，成大事者其实往往都是现实中的矮个子。有人评价一本书只看厚度，仿佛写书靠的是手臂而不是脑子。

单纯的广博永远超越不了平庸，一事无成恰恰是刻意求全之芸芸众生的通病。精能出彩，如果是在重大的事情上，必成伟业。

切 忌 流 俗

在情趣上万万不可流俗。

噢，因为得宠于大众而心生不悦者，才算得上是了不起的聪明人！凡夫俗子的鼓噪喝彩不会让有头脑的人沾沾自喜。有些人瞬息百变以媚俗邀宠，他们不钟情于阿波罗的温煦清风，而一味癖嗜俗众的鼻息。

而在才智方面，则万万不可受惑于愚氓的妙思奇想，因为那都不过是蒙骗傻瓜的把戏，只能让一般的蠢货瞠目，却欺骗不了有真知灼见的人。

永远都要坚定不移地维护正义，绝对不可迫于群情或淫威而逾越正义的界限。

然而，谁又真正能成为这种秉公持正的人杰呢？刚正不阿，从之者寡。很多人对之称颂有加，但却并不肯身体力行；也有人遵从此道，但有一定限度：危难关头，伪善者将其弃之不顾，官场政客则虚与委蛇。

刚正不阿不计情谊、权势乃至私利，这就是人们对之规避的原因。

奸狡之徒常常会假借顾全大局或国家利益的巧言作为搪塞。然而，仁人志士却将虚饰视为背叛，自重于坚毅而不是自恃精明，唯真理是从：如果说是背弃了别人，不是因为自己改变了初衷，而是别人首先背弃了真理。

勿 做 为 人 不 齿 之 事

不能做为人不齿之事，更不能胡作非为，胡作非为只会招毁而不会获誉。

乖僻五花八门，精明之士理当尽数规避。有些奇情异趣一向都同为智者所不屑的事物紧密相关。耽于逐新猎奇之流尽管可以声名广布，但主要是贻笑而非流芳。

谨慎的人不可以智者自居，尤其不能做那些可能会令人尴尬、众口皆非的事情。

灾祸通常源自愚蠢，而且对与之关联的人又极具殃及的可能：千万不能对哪怕是最为微小的祸患开门，因为其背后总是潜藏着更多、更大的灾殃。

牌戏的妙诀在于恰当取舍：准备出手的最小王牌要比已经出过的最大王牌管用得多。

在游移犯难的时候，正确的做法是亲近博学和慎重的人，因为他们迟早会交上好运。

讨 喜 的 口 碑

享有讨人喜欢的口碑，是治人者赢得人心的重要保证、君王得到万民拥戴的独到之处。当权者唯一的优势，就是可以比别人做更多的好事。

善结人缘者得朋友。

与之相反，有一种人怎么都不能讨人喜欢，不只是讨嫌或阴险，而是由于为人行事总是有悖亲和的常理。

如果说善于拒绝是人生要诀的话，尤为重要的是善于拒绝自己的欲念、拒绝有利可图的事情、拒绝要人。

确实有些耗费宝贵时间的莫名营生，忙得无聊倒不如无所事事。

有心的人光是不管闲事还不够，更需力求不让闲事牵连自己。不能一味想着别人而不顾自己。即便是对至亲好友，也不能过分，不能强求人家为所不能。

凡事过则无益，尤其是在与人交往的时候。理智的克制能够更好地确保别人的好感和尊重，因为不会损伤至贵的人格。

所以，必须发扬崇尚精美极致的天性，永远都不要亵渎自己对高雅品味的忠诚。

知 己 之 长

知己之最长以补其余。

一个人如果真能了解自己的优势，必定会在某一方面大有作为。找出自己最为突出的特长并努力发扬吧。有人长于思辨，有人勇武超凡。

大多数人都错用了心智，结果一事无成：单凭兴致，悔之已晚。

凡事都应心中有数，大事尤当如此。

蠢人之失在于不用心思：遇事草率，不辨利弊，所以也就不
能尽心竭力。有人过分关注细枝末节而忽略关键要害，总是
本末倒置。有些人原本就缺乏理性，也就不存在丧失理性的
问题。

有些事情就是应该仔细掂量并铭记心底。聪明人凡事都会心
中有数，不过更加着意于本质和疑难之处，仿佛唯恐虑之不
周、留有疏失。

把 握 时 机

行之与否、是进是退都要看准时机。

这可是要比关注身体变化重要得多的事情，因为，如果说人到四十才找希波克拉底①问病是愚蠢的话，那么，到了那个年纪才向塞内加②求智可就是蠢上加蠢了。

善于把握时机是一大技艺：或早就开始等待，因为等待也适用于时机；或努力创造，因为时机总会到来并且出其不意，尽管其行踪捉摸不定、难以掌控。

发觉时机有利，就应果断行动：时机常常青睐勇者，甚至，犹如妙龄佳丽偏爱少年。命蹇时乖者不可盲动，韬光养晦为宜，勿令雪上加霜。一旦掌握了时机，就要勇往直前。

---

① 希波克拉底（约前460—约前370），古希腊名医，有"医学之父"之誉。
② 塞内加（前4—65），古罗马哲学家、政治家、雄辩家、悲剧作家。

熟知并善用探察招数，是人际交流中的诀窍。这类招数可以用来探测人的心机，可以凭之对人们的心地进行最隐蔽、最深刻的窥视。

有些招数应该归之于险恶之列，犹如涂有妒忌之毒、怨怼之鸩的投枪，好似不带声光的雷霆，足以使人失势、毁名。

很多连流言蜚语和异常恶意合力夹击，都不足以损其毫发的人，却因为受到类似此类微词的中伤，而失去上司的宠幸和下属的拥戴。

反之，另有一类好的招数却能助势壮名。不过，在立意施招的时候，还必须以同样的熟巧慎重地接招和识破别人使出的招数，早有准备方能免受其害。

功 成 勇 退

善赌者无不见好就收。勇退与奋进同等重要：功高、功多之时，就该退而守成。

持续顺遂终归堪疑：适可而止更为牢靠，即便是在得意的时候，最好也要留点酸甜滋味。时运的势头越是凶猛，就越有衰落和葬送一切的危险。

持续时间的长短和福泽的予夺，或许恰成互补。幸运之神肯定会厌倦于过久地背负同一个人。

准确把握事物时机
并善加促成

苍天造物无不渐至完美：前此由弱至盛，后此由盛而衰。人为之事鲜有不能增益者。

恰值物至至善之时享用，是品位高雅之士的超然之处：并非人人皆能如此，亦非所有能如此者均可做到。智慧成果也有其成熟之点，重要的是把握其时，以便珍惜和利用。

得 宠 于 众

获得人们的普遍敬重很了不起，然而，被人喜爱却更重要，这在一定程度上属于运气，但更多的要靠营谋：以运气为始，借营谋维系。

光有优秀的品格是不够的，尽管品格优秀可以得到认同、容易博取好感。因为，表明仁心需要善行，行善要放手，言语随和、行事仁慈，爱人以求被爱。

谦和是有大成者的最大魅力。

先建业、后立言，从武到文，因为，拥有立言人的宠爱将使你名声恒久。

千万注意不可把话说绝，既是为了不冒违背事实的风险，也是为了不让自己有失慎重。

言过其实等同判断失度，是见识短浅和品位不高的表现。

溢美之词能够唤起好奇、激发欲望，继而，如果名不副实（通常都是这样），期待就会化作对骗局的愤怒和对受赞对象及施赞之人的不屑。

所以，明智者总是非常谨慎，宁可失之于不足而决不失之于过分。

不同凡响毕竟少见：褒奖定当有度。过誉是谎骗的变种，会令情趣高雅（十分难得）和聪慧理智（更为难得）的名声丧失殆尽。

天 生 霸 气

天生霸气是一种隐性的优势力量。

天生霸气的人做人行事无须苦心谋划，而是靠与生俱来的威势。由于认可其天生威严的神秘力量，人们情不自禁地对之俯首屈从。

这种人是治人之奇才，论其品德堪为人君，视其固有威仪可比雄狮，仅凭其令人仰慕的气度就能博得别人的倾心乃至拥戴。如果再辅之以其他美德，他们简直是生就的安邦定国之栋梁，因为他们处事主要靠的是灵性，而别人却要依赖繁琐的铺排。

心 向 精 英 ， 口 随 大 众

想要违逆潮流不仅难免失败而且易遭风险。也许只有苏格拉底可以这么做。因为否定别人的观点，异议常被视为侮慢：心生不悦者蜂拥而起，或是同情被质疑的人，或是针对随声附和者，真理掌握在少数人手中，昏昏然上当受骗者众多而鄙俗。

智者之能够成为智者，绝对不是因其当街发表议论，因为大庭广众不是吐露心声的场合，无论内心深处是多么地不情愿，都只能说些人云亦云的蠢话。

聪明人总是既努力避免被人顶撞，也刻意不去顶撞别人：始于责人必定是止于被责。

情感是自由的，不能也不应强制。沉默是金。倘若可能，还是应该托庇于少数明达事理的人。

心 系 贤 达

惺惺相惜是贤达们的特质，因其隐秘也因其向好而成为大自然的奇迹。

确有心相通、性相近的事情，其效应恰如无知凡人所说的迷魂汤药。这种亲近并不只是停留在认知上，因为进而会繁衍出好感乃至激发出倾慕之情，能够无言而折服和无为而功成。这种情感有主动和被动之分，两种都属正当而高尚。

了解、分辨和促成此种情感是一大智慧，因为，没有此种暗助，再大的努力也终将一事无成。

思索不可假装，更不可外泄。

一切心机都应藏而不露，因为可能引起猜疑；狡计更当如此，因为让人讨厌。欺诈颇为常见：必须倍加小心，但却不能有所表露，否则就会唤起疑心、导致塞责并引发报复，从而造成意想不到的恶果。

三思而后行是做事的要诀，除此之外，更无其他妙法。事情的成败取决于进行过程中的把握程度。

消 除 抵 触 心 理

我们常常会心生憎恶，甚至是在了解其可以想见的长处之前。此种与生俱来并可能致人庸俗的反感心理，也许只是针对名流雅士。

要用理智克服这种情绪，因为，没有什么会比妒贤嫉能更能损害人的名声。

仰慕俊杰是好事，嫌怨则是卑劣。

抛弃执念是明智的首要表现之一。

举凡雄才大略者都有宏图大志，甚至还会遭遇极端的窘困。从一端走到另一端其路漫漫，而时时刻刻都有难题需要面对：破解之时迟迟不肯到来，因为，面对艰险，抽身远离要比战而胜之容易得多。

难题是对理智的考验，退避要比战胜更为安全。一次坚持将会导致更加执着的坚持，直至到达临近崩溃的境地。

有些人受天性乃至民族特性的制约，会很轻易地让自己卷入责任之中。不过，头脑清醒的人，时刻关注着自己的处境，知道中途放弃要比坚持到胜利需要更大的勇气，而且，既然有了铤而走险的傻瓜，自己又何必步其后尘。

做 有 内 涵 的 人

任何事物都是内涵要比外观更为重要。

有的人徒有虚表，就像是由于缺乏资金而没能竣工的房子，门厅好似宫殿，内室却如同茅舍。这种人毫无可取之处，或者说，立即就会丢脸，因为，寒暄过后，无言以对。开始时风度翩翩，好似西西里的名驹，转瞬之间就变得噤若寒蝉：既然没有真知灼见，自然无话可谈。

这种人能够轻易糊弄眼浅少识之流，却蒙骗不了心明睿智之士：心明睿智能够洞察内里，看得出他们腹内空空，只配做聪明人的笑柄。

明察善断者能够把握事态而不被事态左右。再深，也能立即直透其底；再繁，也能完全理顺。

对人，见而能知，论则切中。目光犀利，善于破解最为隐秘的内里。观察敏锐，思索入微，判断明晰：无所不辨、不察、不能、不解。

不 可 有 失 自 重

任何时候都不能有失自重，也不可庸人自扰。

让自身的刚正成为洁身自好的规范，要为自己拟订严苛的戒条，而不是受制于任何硬性的律令。

不行不义是基于源自对理智的敬畏，而不是慑于别人的严苛管理。应该努力自爱自持，从而也就无须塞内加所谓的虚拟家庭教师了。

择 善 而 从 053

人在大多情况下都需要进行选择：选择意味着高尚的情趣、精准的见地，因为，只有学识和智慧是不够的。

不经扬弃，无以达到极致：扬弃包括两个内涵，即挑选和择善。

很多人天生聪慧、机敏、理智、勤奋而博学，但是到了抉择的时候却无所适从，总是选取下下者，仿佛偏爱出错。所以，这是一种至高的天赋。

切 忌 失 态

绝对不说蠢话、不做蠢事，是理智的要义。

大丈夫总是心平气和，因为，心胸开阔必定绝少激动。冲动是情绪的宣泄，一旦过分就会导致丧失理智，而口无遮拦，势必损及声名。

所以，必须知道自持并能做到：无论处境多么顺畅还是多么艰难，都不要让人指责失态反常，反而因为超凡脱俗受到尊敬。

敏行是指尽快将久思未决转化为行动。

仓促行事是蠢人的冲动：因为未计艰险，行事鲁莽。与之相反，聪明人常常会失之于犹豫不决：从警惕衍生出狐疑。

迟疑不决也许会断送正确的决策。迅疾是成功之本。毕事于当日者收效必显。驰而不疾是为最好。

果 敢 加 理 性

狮子既死，兔子甚至也敢趋前拔毛。不应将勇气视同儿戏。退缩了一次，势必就会有第二次，以至于一败到底。

是困难就得克服，宜早不宜迟。

精神上的果敢胜似肉体上的威猛：就像利剑必须永远都应以理性为鞘，藏而待机。精神上的果敢是人的支撑，精神上的萎靡之害甚于肉体上的孱弱。

很多人原本颇具天分，由于缺少这种豪气，结果却形同行尸走肉并最终默然沉沦。苍天将蜜之甜和刺之锐同时赋予蜜蜂，绝非无意之举。肉体由精神和骨骼组成，切勿让精神变为一坨烂泥。

善于等待表明心胸博大、承受力强。

任何时候都不急不火。一个人首先要自制，然后才能制人。必须豁出工夫以待时机。审慎的迟延能够确保达到目的和谋划周密。

时间用作武器要比赫拉克勒斯①的狼牙铁棒更为管用。就连上帝施罚都不用棍棒而用机遇。

常言说得好：“给我时间，一个顶俩。”命运之神对等待的犒赏是巨大的成功。

----

① 赫拉克勒斯，希腊神话中最著名的英雄，其惯用的武器是弓和狼牙棒。

善 用 灵 机

灵机源自于敏锐。灵机不是仓促和侥幸可得的，有赖于自身的聪慧与警醒。

有人绞尽脑汁，最后却是一败涂地，也有人不假思索，反倒无不遂心。相反相成的事例数不胜数：有人越是艰难越能出彩；不想不错、越想越错的怪杰倒也屡见不鲜；不能即得者，永不可得，不必寄望于日后。

机敏的人值得赞赏，因为他们具有异乎寻常的本领：成思敏捷，行事精明。

好才是真快。

成之速者，其毁亦速；不过，能历久者，其成也必历久。当以至善为所求，唯有成功者方能留存。

深思熟虑可致久远：价高者难获，就连最贵重的金属也是最难提炼而且质量也最大。

善 于 藏 锋

不必对任何人都一视同仁地尽展才情，也不应投以超过必需的精力。不可徒露学识和身价。好猎手不会撒出捕获猎物所需之外的猎鹰。

切勿总是炫耀，转日可能会不再让人仰慕。

必须随时都有令人刮目之处，日日出新以求别人保持期许、并永远不致发现自己才尽技穷。

时运之宫，从喜门而入者常会经苦门走出，而从苦门进入者却反倒可能会经喜门步出，所以，到了最后的时候，更应关注的是出得完满而不是入得风光。

始于顺畅、终而悲惨是侥幸者常有的结局。重要的不是开场时的俗套喝彩（人人都能得到）而是终结时的普遍不舍（能如愿者实属罕见）。

幸福绝少青睐将去之人。对来者媚宠，必对去者不恭。

真 知 灼 见

有人生而睿智，凭借这种与生俱来的辨识优势步入知识海洋，未及起步就已经获得一半的成功。

随着年龄和阅历的增长，理性会渐臻成熟，进而铸就沉稳冷静的鉴别能力。杜绝一切诸如有悖理智的随意举动，尤其是在国是的问题上，因其事关重大，必须万无一失。

这种人堪称掌舵之才，或亲自操控，或督导指引。

强中之强方能凸显于诸强之林。没有不具某种极佳特质的俊杰。平庸不值得称道。

要位的显赫可以使人超凡脱俗并跃升至奇才的阶次。

称雄贱业只不过是矮子队里的将军，可心的事情往往没有多少荣耀可言。处优而颖异如具王者风范，让人钦慕，令人倾心。

与 能 者 共 事

有人希望假借器具之粗劣彰显自己才智之奇绝：喜欢危险的自作聪明，当受万劫不复的惩罚！

部属的优秀绝对无损于主事的英明，相反，成功的荣耀最后总是记在主事的名下，而失败的罪责则恰恰相反。声名永远都与居首者共行。从来不说"某某有好的或不好的帮手"，而是说"某某精明或昏庸"。

所以，必须认真挑选，仔细考察，不朽功名全要仰赖属下。

占先者凸显。占先而又优秀，其显倍增。

在平等竞争中，先为者必占优。许多人本该成为业中骄子，只是被人抢占了先机。先为者独享翘楚之名；后继者只能争抢残羹，业绩再显，终究难免被讥效颦。

英才的精明在于另辟出人头地的蹊径，只是首先要让理智确保成功。智者无不是凭借标新立异而得跻俊杰之列。有些人就是宁为鸡首而不甘牛后。

学 会 消 解 烦 忧

免除不快是有益的明智之举。

审慎能够避免许多烦恼。审慎是给人幸福的卢西娜[1]，因而，也能给人快乐。对那些飞短流长，不要传播，更不能相信，即便不能消除，也一定要设防阻遏。

有些人双耳失聪，或因习惯了阿谀奉承的甜蜜，或因听多了流言蜚语的尖刻。还有人就像没有了毒药的米特里达梯[2]一样，每天不找点不痛快就无法度日。为了取悦别人（哪怕是最为亲近的人）于一时而宁愿自己终生不欢亦非自珍之道。

---

[1] 卢西娜，罗马神话里的生育女神。
[2] 米特里达梯（？—前63），小亚细亚的本都国国王，相传，他为了增强抗毒能力以防被害，每天服食少量毒药。

绝对不能以自身的幸福为代价，去博取那不吝指手划脚却又置身局外者的欢心。

在任何情况下，只要是遇到必得以自己的痛苦换取他人的快乐的时候，最好还是让那个他人现在不快，而不使自己嗣后难免痛苦。

高 雅 情 趣

雅趣也需要培养，就跟才智的情况一样。悟性的高低决定着欲望的大小，以及得到满足后的快意程度。从喜好的雅俗可以看出品格的高低。

量大才能满足大容，正如大块的食物是专为大嘴巴而准备、崇高的事业只同高尚的才俊相配。

最为出色者对之心怀惧意，最为完美者难免猜疑；至善者稀，切勿轻易赞赏。情趣会在交往中相互传染并且积久而承袭：能与情趣得体者交往实为大幸。

不过，万万不可尽非世事，因为这是至蠢之举。如果是故作姿态而并非情绪使然，则就更加令人讨厌。甚至有人祈望上帝能够再造一个世界和另外一些至善至美的事物，以适应其古怪离奇的幻想。

有人更为看重过程的规范而忽视意图的圆满实现，然而，孜孜的投入总是无法弥补失败为声名造成的损失。

成功者无须作出说明。人们大多不会注意具体细节而是只关心事情的成败，所以，只要达到了目的，声望就永远都不会受损。

好的结果能使一切全都变得光鲜，尽管过程中原本有着许多失误。在非如此不能确保成功的情况下，以诈对诈也不失为良策。

选 择 被 人 称 道 的 行 当

世事大多有赖于人们的毁誉。口碑之于完美就像和风之于花朵：是气息、是命脉。

一些行当受到普遍欢迎，而另一些虽然更为重要但却不被看好：前者，因为人人得见而深得人心；后者尽管更为重要和美好，由于鲜为人知，受人景慕却无人喝彩。

王公贵胄中，战功显赫者会备受推崇，所以，阿拉贡①诸王才会因为勇武善战、攻城掠地和宽宏大量而那么被人称赞。

志向远大者应该选择人人得见、人人乐从的行当，并在众口交赞声中百世流芳。

---

① 伊比利亚半岛阿拉贡地区历史上的实力强大的阿拉贡王国，15世纪末期同其西邻卡斯蒂利亚王国合并，大体上确立了现代西班牙的疆域。

给人启迪胜似让人留下记忆。更何况，有时候需要的是记忆，有时候需要的却是警示。

人们常常会因为不知所措而不能将事情做到恰到好处，这时候，就该用善意的提醒助其大功告成。

头脑的最大功用之一就是能抓住要害。正是由于做不到这一点，好多事情才会功败垂成。

能之者，当不吝赐教；需之者，应虚心求助。教之者谆谆，求之者孜孜：但以点到为止。考虑到为使受教者获益，这样做尤为重要：应该表现出耐心并能循循善诱。

既已身陷绝境者，就应巧寻出路，大多寻而不得的情况都是没去寻找。

勿 受 情 绪 左 右

从不受制于一时情绪的人堪称不同凡响。

自省是自警的途径,是了解自己的现实状态并加以调整乃至改弦更张,以求在本能和刻意之间做出正确决断的方式。

自知是自律之始,因为确有那种狂放不羁之徒,无时不在某种情绪的控制之下,好恶随性并因此而喜怒无常,由于总是这么变化不定,常常南辕北辙。这种恣意不仅耗损心志,而且还会伤及理智,以致颠倒爱恨。

不能对什么事情和什么人全都认可和依从。这同善于谦让一样重要，位居人上者尤应谨记。

关键在于方式。有些人的拒绝比另一些人的认可更容易被人接受。因为好言的拒绝比简单的认可更能令人心悦。

很多人总是把"不"字挂在嘴边，事事让人扫兴。他们开口先说"不"，尽管嗣后步步退让，到头来还是不会讨人喜欢，因为已经有了最初的不快。

对任何事情都不要断然拒绝，应该一点一点地让人打消念头；拒绝不应是全盘否定，那样会使人断绝指望。

任何时候都要留下些许希望，从而减轻拒绝引发的苦涩。用礼遇填充实惠的空白，让好言弥补行动的缺憾。"不"与"是"说说容易，但却需要认真掂量。

切 勿 前 后 不 一

做人行事不可朝三暮四，无论是本能使然还是刻意做作。

聪明人总是始终如一无可挑剔，这是睿智的证明，要让自己的变易顺应因果的演化。就理智而言，反复无常绝不可取。

有些人一天一个模样，甚至连智力都会有所不同，更不要说心思和意向了。昨天无所不好，今天无所不坏。这种人无疑是在自毁声名和招人讨厌。

犹豫不决之弊甚于执行不力。物之损耗，滞大于流。

有人优柔寡断，凡事都要别人推动。这种人常常并非是困于不能决断，其实头脑非常聪明，只是不求效率而已。知难通常是聪明的表现，解难更能显示智慧。

还有些人精明果断，无往而不利：这种人是生而有大成者，其清醒的头脑可以确保决无不当、行无不果。他们所向披靡，解决一个难题之后，尚有余暇顾及其他；在确有成功把握的时候，做起事情来就更加胸有成竹。

善 施 脱 身 之 计

善施脱身之计是聪明人的招数。

他们往往能够彬彬有礼地摆脱尴尬境遇。笑对难解的争斗，潇洒地全身而退。那位最伟大的统帅①的过人之处恰在于此。

改变话题是以礼婉拒的良策，佯作不懂乃自保的妙计。

---

① 最伟大的统帅，指在南意大利征战而著名的西班牙军事领袖贡萨洛·费尔南德斯·德·科尔多瓦（1453—1515）。

人烟密集之处常有真正的野兽藏身。

拒人千里是那些脾气随着地位变易的无自知之明者的恶癖；动辄横眉立目不是博取敬重的佳径。这类随时都会无端发威、不可接近的怪物实在可恶！下属不幸需要与之接谈简直如同面对猛虎。这种人时时戒备、事事怀疑。图谋升迁的时候曾经逢人就谄媚讨好，一旦达到目的之后，立即处处发威以图泄愤。鉴于职位，本该是众望所归；由于乖戾或孤傲，反被冷落、唾弃。

对这种人，最好的惩罚就是随他去吧，用断绝交往使之无计可施。

树雄心立壮志

树雄心立壮志主要是激励自己，而不是为了步人后尘。

世上本有许多可做成功之鲜活榜样的英雄豪杰。每个人都应该将其中的佼佼者作为自己的楷模，不是为了模仿，而是志在超越。亚历山大①在阿喀琉斯②坟前流泪，实际上不是哀悼埋葬在那里的死者，而是为自己生而未能建立丰功伟业伤心。

别人的荣名犹如号角，最能唤起自己的雄心。只有消除了嫉妒之心的人才能拥有博大的胸襟。

---

① 亚历山大（前356—前323），马其顿国王，以推翻波斯帝国、远征埃及并为希腊世界奠定基础而成为历史上最伟大的军事统帅之一，史称亚历山大大帝。
② 阿喀琉斯，希腊神话里的英雄。

审慎见于严肃，严肃要比智巧更能取信。

总是嬉皮笑脸者绝对不可能是个认真的人。我们会把这种人视为谎话大王而不敢轻信：或疑其言不符实，或怕自己受其愚弄。没法知道这种人什么时候当真，因其仿佛就没有当真的时候。

嬉笑无时是最大的不恭。一旦背上巧舌如簧的名声，就会失去理智的信誉。嬉笑当有时，其他时候，则应严肃认真。

广 结 人 缘

普罗透斯①实在是精明：遇上智者成智者，遇上圣贤成圣贤。

广结人缘是一大本事，相投才能相怜。必须观察每个人的性情（有庄重的、有欢快的）并立即主动变通，去对那些有所需求的人顺势而从。

这种生存的重要智巧需要付出极大的努力，不过，对学识广博、情趣多样的人来说，不会很难。

---

① 普罗透斯，希腊神话里能够预卜未来并随意变化形体的海洋老人。

探 试 之 道

蠢行总是始于冒失，蠢人无不鲁莽。蠢人头脑简单，先是失察于危难，而后又不能对失败有所预感。然而，明智者则是小心谨慎，常怀警惕与顾忌：明智者摸索而行，以求无虞。

莽撞之举，尽管也许会侥幸成功，但却因为谋划不周而注定了失败的命运。在深浅不明的地方，应当缓行。必须用心探试、多些沉稳。

现如今，世事多险恶，时刻注意摸索探测为宜。

诙 谐 的 性 情

诙谐，如果能有节制，是长处而非缺点。

任何时候，些许风趣都会起到调剂的作用。

大人君子者偶尔也会动用普遍讨巧的谐谑手段，只是分寸适度、无伤大雅。也有人借用打趣摆脱困窘，因为有些事情——有时恰恰是那些别人特别认真的——本来就该一笑了之。

风趣可以导向平和，而平和可以抚慰人心。

世事多为听闻，亲眼目睹者鲜。我们离不开别人的说辞：耳朵成了事实的旁门和谎言的主道。

通常的情况下眼见为实、耳听为虚，真相绝少能够以其原貌流播，传得越远就越会走样，每次辗转势必都会融入述之者的倾向，而那倾向又总是带有可能打动人心的或喜或嫌的情感色彩。

所以，对赞之者应当戒备，对咒之者更要小心。只有这样才能借洞悉中介者的动机以破解其居心。必须花费心思避虚就实、去伪存真。

不 断 再 造 辉 煌

再造辉煌是凤凰的天赋。卓异通常也会老去，继之而来的是声名黯然。习以为常能够销蚀景仰的情怀，而刚刚展现出来的平庸常会胜过衰朽了的超凡。

所以，志向、才思、心境，一切的一切，均须时时更新。

应该永葆蓬勃的英气，就像太阳一样反复升腾、不断地变换辉耀的天地，或以孤高或以独创广为博取喝彩或倾慕。

智者的全部智慧在于凡事都有节制。

物极必反，柑橘榨得过头就会沁出苦涩。即便是好事，也不可至于极端。才思用得过分亦会枯竭。强行吮咂，喱出来的将不是奶水而是鲜血。

小 失 可 宥

微小的疏失也许反倒更能凸显长处。

妒忌包含有排斥，越是文明也就越加凶狠：妒忌指责至美罪在无瑕，并因其无可挑剔而百般挑剔。妒忌就像阿耳戈斯①，为求自慰，执意要从完美中找出疵点。苛责犹如雷电，专门寻找最高的地方施威。

因此，荷马说不定有时也会打盹，从而，故意在才思或气度方面露出某种破绽，但在理智上却总是百无一疏，以期消解邪恶欲念，不使流毒。这就好似将斗篷扔给妒忌这头公牛，以图确保自己不朽。

---

① 阿耳戈斯，希腊神话里的百眼巨人。

对任何事情都应善加把握，不应触其可能伤人的锋刃，而要执其可以确保安全的把柄。

此理尤其适用于竞技较力的时候。智者得益于对手多似蠢人受教于朋友。怨敌常常有助于清除被亲朋视为畏途的繁难。很多人之所以能够成就伟业要归功于自己的对头。

奉承比憎恨更为凶险，因为憎恨能够有效地让人弥补被奉承掩饰了的缺漏。

聪明人会将冷眼当成比怜爱更为忠实的镜子，以消弭或改正自己的缺点。一个人在面对竞争对手或殊死仇敌的时候，其戒备之心必定大增。

莫 做 百 搭

因好而致滥已成定规。人人喜爱最终变成人人讨厌。一无是处是莫大的悲哀，无不可用同样也是悲哀：这种人会因为过分得势而转向衰败，本来多么受宠，嗣后就会多么讨嫌。

一切完美事物都会遭遇这种变数，一旦不像原先那样以其难得而被珍视，就会因其平庸而遭鄙夷。

避免极端结局的唯一办法就是表现适中：完美当求极致，显露应有节制。火把愈亮，也就燃得愈旺、灭得愈快。敛迹藏形反而能够更受器重。

谨 防 非 议

人聚遂以成众，故而，恶眼、毒舌也多。

人众之中常有毁人信誉的非议流播，而非议一旦变成众口一词，就会使人声名狼藉。非议一般起自一次明显的轻慢、或某些恰可成为街谈巷议话题的微小缺点。如果确有可被特定对手——不乏心怀叵测之人——恶意广为散布的污点，无须直言抨击，谈笑间立马就能使英名扫地。

恶名易得，因为坏事容易被人采信，而且还是有口莫辩。所以聪明人总是用谨言慎行应对俗众的无聊，以期避免这类麻烦，防范要比弥补更容易。

文 化 与 教 养

人生而愚顽。唯修养可使人摆脱兽性。文化可以造就人，文化愈高人品就愈佳。

正是基于这个道理，希腊才将所有异邦称为蛮族。无知必定非常粗俗：没有什么能比知识更具教化之功。然而，知识如果未经雕琢，原本也是鄙陋的。不只是认知能力需要打磨，欲求也一样，谈吐尤甚。

有人天生就仪态不凡，慧于内、秀于外，成思智巧、出言隽永，身上如树之皮的衣着得体、心中如树之果的美德无数。

与之相反，还有另外一种人，真是粗俗不堪得竟至其一切的一切、也许包括其长处，全都因为有着一种可怕得让人无法忍受的脏污形貌而黯然无辉。

厚以待人，以求高远。君子不行卑琐。

任何时候都不可过分较真，在那些不甚高雅的事情上尤当如此，因为，尽管善察于无意的确是长处，刻意探求可就不然了。

通常应该显露出君子的大度，这是潇洒的表现。藏而不露是服人的要诀。对亲属、朋友的事情大多都应得过且过，而对对手则是还要再加上一个更字。

小肚鸡肠让人恼火、惹人生厌。耽于制造不快是一种乖僻，一般说来，有什么样的胸襟和能力就会有什么样的表现。

自 知 之 明

必须在性情、才思、见地、情感等各个方面都有自知之明。不自知者不可能自制。

只有能照出容貌的镜子，却没有可以照出心灵的镜子，应该将理智的反躬自省当成了解自己的镜子；一旦不再关心自己的外表的时候，那就多去关注内心以便修整、完善。

先要了解自己有多大的智慧和才情，然后再开始行动；先要弄清自己有多大的承受能力，然后再决定是否坚持下去。面对任何事情，都要对自己的底蕴和本钱有个确当的估量。

长寿之道在于活好。

短命的原因有二：愚蠢和堕落。有人由于不善保养而丧生，有人不知自爱而殒命。

正如德乃德的奖赏，癖是癖的报应。贪欢纵欲者其死倍速，行善积德者长生不死。以心之美律身之行，健康长寿不仅可期而且可及。

不 疑 而 后 行

当事者的失败之忧在旁观者眼里已是失败之实，如果旁观者又是其对手，那失败就更加确定无疑。

如果激情尚在之时就对决策持有怀疑，待到热情消退之后必然会视之为愚蠢至极。在对是否明智心存疑虑的时候贸然行动是危险的，最好改弦更张。

审慎是理智光耀下的行为方式，容不得万一。

一件事情还在酝酿中就已经受到质疑，又怎么可能获得成功呢？既然不存在任何疑惑的决策也都会时有不测，怎能指望从一开始就游移不定、预期不佳的决策会有什么结果呢？

凡事都得深思熟虑。这是行事、讲话的首要和至高原则，位高权重者尤当谨记。

一分审慎胜过万斛机敏。

深思熟虑是通向成功的坦途，尽管不一定能够得到喝彩，可是，睿智之名已是至高的赞誉。明智之士应该满足于这一称许，因为他们的认可就是成功的试金石。

争 做 全 才

全才无所不精，一个能抵一群。这种人自己活得无比幸福，并能把这种快乐传递给亲友。

多能是人生的快事。能够手到功成是极大的本事，既然苍天因为人是物华而令之汇聚了所有的天赋，那就让人力通过对情趣和才智的发挥与培育，使自己成为一个全才吧。

若想博得众心仰慕，有心人必须不让别人摸清自己才智、能力的底蕴。

既要人知，又要让人知而不透。

不能让任何人了解你的能力极限，以免令其失望。任何时候都不可给人以看穿自己的机会：对一个人到底有多大本事的揣度和质疑，会比其真正表现出来的能力（不管多大）都更能引发仰慕的效应。

善 用 期 待

善于利用别人对自己的期待并时刻使之不断增大，要让已有的企望引发更大的希冀，而最好的办法应该是让人不断追加更大的赌注。

万万不可刚一试手就罄尽所能，在能力与才学方面厚积薄发、在履职与行事上渐次推进才是上佳之策。

精到的判断能力是理智的峰顶、审慎的基石，有了它，成功也就不再是难事。

它因为重要和难得，而成了上天的赏赐和人间的至望。它如甲胄的要件，其重要程度，可以说，对于一个人而言，只要有了它，再缺什么也都不必抱憾。

判断能力的大小很容易感知。人生的每一个举措都会受到它的影响、得到它的认可，因为凡事都得用脑。

精到的判断能力是天然选择理性的趋向，总是攸关着成败。

成 名 与 护 名

成名与护名就是享用名望。名望难得，因为源自卓越。由于平庸泛滥，卓越已属罕见。

名望既已获得，保持起来不难。名望是很大的制约，同时又有更多的产出。

名望一旦因其成因及层位的高重而成为仰慕的目标，就会化做一种威慑。不过，只有实至名归者才能长盛不衰。

情绪是心灵的窗口。最有用的知识是掩饰。

开诚布公者会有失败的危险。要以审慎者的精细去应对警醒者的用心。

应用乌贼喷墨的方式去抵御眼似猞猁的窥察。不可让人了解自己的意趣，以免被人设计或违拗或逢迎。

　实　质　与　表　象

事物常常不是以其实质而是以其虚表为人认知的：能内察其实者寡，被外观所惑者众。

相貌狰狞，有理也难服人。

大 彻 大 悟 103

大彻大悟者是指正直的智者、尊贵的哲人。不过，不应貌似，更不能假装。

推导哲理，尽管是学究们的主业，现在却已名声扫地。这门明人的学问也已失去信誉。塞内加曾经将其引入罗马，虽然也曾经时髦过一阵，如今却已经被视为无稽。

彻悟一向都是审慎的依托、刚正的精粹。

世 人 互 相 嘲 笑，
其 实 全 是 傻 瓜

世界上一半人，以人所共有的傻气，嘲笑另一半人。

要么一切都好，要么一切都坏，全凭印象。有人崇尚，就会有人贬斥。以一己之偏衡量一切是令人难耐的愚蠢。

好与坏没有单一的尺度。口味如人，相貌各异。没有无人偏好的瑕疵，也不必担心会有人不喜欢的事物，因为总会有人将之视为珍稀。

得到赞赏不必沾沾自喜，必定还会有人起而攻之。真正可以庆幸的标准，是得到那些确有资格发表意见的有识之士的认同。

世人并非按照同一观念、同一模式活在同一时代。

若将城府比作人的躯体，绝对不可小觑一副大的肚量，因为体大方有大容。

能致远者不会惑于一时之利，可令一些人餍足之物，却不足以让另一些人果腹。

很多人天生薄命，消受不了任何美食佳肴，既不习惯也注定没有享受高位显爵的福分；一旦得此待遇，虚荣之气顿长，于是就会心乱神迷。这种人位高必险，定会忘乎所以，因为本来就不该有此好运。

所以，有志之士应当显出尚有更上层楼的余裕，并力避一切可被视为心胸狭窄的形迹。

人 各 有 威 势

人非君王，其所有行为却应在自己的层位上无愧于君王。

王者风范就是符合自己身份的高雅举止、超凡思想。尽管不能成为真正的人君，却应以王者之态行事，因为真正的威势在于做人的刚正。

自己可以成为人杰的楷模，自然不必歆羡人杰。惟愿位居君侧者能够显出些许真正的不凡，多点王者品格而不是虚妄之气，不沾骄奢之弊而务高尚之实。

职事各有不同，必须准确了解和清醒对待。

有的需要胆识，有的需要机敏。取决于刚正者易于驾驭，仰赖计谋者难以把握。对于前者，除了好的素质，别无他求；至于后者，无论多么经心和努力也都不足以应付。

治人最难，如果被治者是疯子或笨蛋，则会难上加难。同没有头脑的人打交道要费双倍的脑筋。

要求全身心投入的职事令人难以忍受，因为，一个人时间有限而能力是固定的。较为惬意的是那种不惹人厌烦、兼具变化和重要性的职事，因为调剂能够提高兴致。最能自主的是那种独立性强的职事，最为糟糕的是那种让人活着受累、死后也不得安宁的职事。

莫 要 让 人 生 厌

做事讲话没完没了惹人生厌。简洁既讨好又更加有效。简洁的不足可以由周全礼数来弥补。

好，若是再精，就会好上加好。即便是糟，如果简短，就会显得没有那么糟。精华之少远胜于秕糠之多。

人所共知，话多的人很少能够被人理解，不是条理不清，而是表述不当。有些人不能为世界增彩而只会添乱，就像是废弃了的器物，人人都会踢上一脚。

精明的人应该力避制造麻烦，尤其不能搅扰重要人物，因为他们全都非常繁忙，冒犯了其中的一位，很可能会比触怒其余所有的世人还糟。直截了当才是最好。

炫耀身份比自夸自赞更让人讨厌。硬充人物简直可恶至极，因其一心只想被人羡慕。尊崇是越想得到就越得不到。尊崇仰赖于别人的敬重，所以，不能强求，而是不仅要配得上并且还要耐心等待。

显赫职位要求与之相应的权威，没有那种权威就不能很好地履职。一个人必须维护其该有的权威，以期尽到自己的主要责任：权威应该加强，但不能滥用；假借职位作威作福的人，表明其本身根本就不配享有那种权威，实属人微而位尊。

如果非要找点什么凭依的话，最好还是求助于自己的品德而不是外在条件，因为，就连君王也得仰仗自己的品格，而不是身负的权势来博取国民的敬重。

切 勿 自 鸣 得 意

既不可以一天到晚自怨自艾，这是猥琐的表现；也不可以一天到晚志满意得，这是愚蠢的证明。

满足大多源自无知而止于傻欢喜，尽管能够保有兴致却无助于维护名声。鉴于无缘于别人的出类拔萃，人们常会醉心于自身的平庸无为。

除了智者，慎独向来有益：或为事情顺遂构思谋划，或为运蹇时乖寻求慰藉。心有顾忌，可以避免再遭命途挫折。荷马也许会有打盹的时候，亚历山大也许可能遭逢失势和愚弄。

世事取决于多种因素，成功于一时一地的事情，换了场合就可能一败涂地。然而，愚蠢之所以不可救药，是因为无端的自满变成了娇艳的花朵，而其种子又在不断萌芽。

做人的捷径是善于与人并行。同人交往至为有效。不知不觉中，习俗和意趣可以相袭，脾性乃至才智也会互补。

所以，应该努力结交平和之人，同时不忘与其他性情者来往，从而就会成就温而不暴的性格。随和是一大本事。

相反交替令宇宙绚丽并使之得以维系，既然能致自然谐和，理当更能让精神谐美。将这警世良言用于选友、择佣吧，用两极互通造就出非常完满的中庸。

切 忌 尖 刻

有人生性暴戾：对什么都看不顺眼，并非由于偏激，而是天性所致。这种人苛以责人，或因其所为，或因其将为。

此种心态甚于凶残，可称之为卑劣，总是夸大其词，甚至将草芥说成栋梁以惑视听。无论到了什么地方，这种人都好似苦役船上的监工，总能把乐土变成地狱。如果再加上自己的好恶，必定会将事情推向极端。

与之相反，胸怀淳厚则能化解一切，即便不是刻意为之，也会于不知不觉中奏效。

智者的格言是主动放弃，而不是坐待被人抛弃。

一个人要学会将死亡本身也变成胜利，因为，太阳常会正在光芒四射的时候躲到一块云彩的背后，也许正是为了不让人们看到其西移的轨迹、并留下是否已经陨落的悬疑。

应该力避夕阳之势以免失落之痛；不要静待被人抛弃，以至于在情感上遭到活埋、在声誉上形同被杀。

聪明人会让赛马及时退役，而不会等到那马在奔跑途中摔倒遭到嘲笑之时。娇艳美女应该适时地悄悄摔碎镜子，切莫等到红颜不再后匆促为之。

广 交 朋 友

朋友等同于第二自己。任何朋友都会对朋友有好处、有助益。
朋友相帮，万事顺畅。

一个人越被人爱就越有价值，想被人爱就得以诚心换取口碑。
最能打动人的是罄尽心力，交友的要诀是付出真情。

我们所能拥有的最突出、最美好的一切全都要仰赖于别人。

人都必得或同朋友或同对手相处：每天都应联络一个朋友，
即便不能成为密友，也要可以友好相与，因为，由于选对了
对象，其中的一些人嗣后可能会成为知己。

就连至高无上的造物主的主旨都是促成和排布善缘。

善缘通常始自对观念的认同。有些人过于相信能力以至于忽
视运筹，然而，有心人却清楚知道，本事如果离开了出自好
心的襄助必然多所波折。

善意能使一切变得容易并具拾遗补缺的功效；善意虽然并非
总能等同勇敢、坚强、智慧乃至机敏等优秀品德，但却能够
使之充分发挥。

善意永远同丑恶无缘，因为不愿同其照面。善意通常源自于
性格、民族、亲情、国籍和职业等具体方面的互通。善意表
现在美德、职事、名望、业绩等方面则尤显高尚。

善意的难得在于赢取，其维系倒是容易。善意可以谋求并应
善加利用。

行 运 当 虑 背 运 时

夏备冬粮实为明智之举，而且悠然可得：顺遂的时候，人情便宜，示好者众；背运之际，一切涨价、无不匮乏，故而，绸缪当在雨来前。

应该广结缘、多施恩，总有一天将会明白今日所轻之可贵。

鄙俗之辈永远没有朋友：得意之时，自己不认；背运之际，人家不认。

一切对抗意图都会损及声名，较量失利，势必自取其辱。搏而能胜者寡。

竞争会揭示出礼让时忽略了的缺点：很多人就是由于没有冤家对头而美名播扬。

作对的狂热会激活或重提已经被遗忘了的丑闻、翻出前辈和前前辈的恶行。竞争总是从不遗余力、不择手段地揭短开始，尽管有时候，而且还是大多情况下，人身攻击并非利器，人们却还是常常借之以满足自己的卑污报复快意，并让这报复洋洋得意地将忘海尘埃重新扬起制造困窘。

善意永远表现为平和，清名则是以善意为根基。

担 待 亲 人 的 缺 失

担待亲人的缺失以及丑陋容颜，是依存关系中的相互迁就。

有人生性乖戾，让人无法与之相处又不能不共同生活。所以，逐渐习惯就成了一种智慧，就像面对相貌狞恶的人一样，要做到见怪不怪。乍见之时自然会感到惊骇，可是，那最初的恐惧会一点一点地消失，心里有所准备就能消除或承受不快。

结 交 有 担 当 的 人

无论什么时候都应该结交勇于担当的人。这种人值得信赖、可以依靠。其担当本身就是与之过从的最大保障，即便是发生不和，这种人也是光明磊落，宁同君子吵架，不跟小人争高下。

小人不可交，因为心术不正，所以，小人之间无真情，因其寡廉鲜耻，而不必待之如宾。任何时候都要远离不知廉耻之徒，不知廉耻必定不讲操守，廉耻之心是刚正的基石。

忌 谈 自 己

任何时候都不要谈论自己。

自赞是虚荣，自谪是气短；言之者不智，闻之者难受。这种情况即便是在亲友之间都应避免，身居高位者更不待言：面对大庭广众，任何表面上的失慎都是愚蠢。

当面说人短长也属不智：不是失于谄媚，就是失于贬损，二者必居其一，难免尴尬困窘。

博得知情达理的名声足以被人称道。知情达理是修养的核心内容，魅力之所在，所以能够深得人心，而无礼则会遭到鄙夷、激起公愤。无礼，如果是源自狂傲，令人讨厌；如果基于粗俗，为人不屑。

礼数宜周不宜欠，不过，却无对等可言，因为对等可能会蜕变成为有失公允：对头之间的礼遇如同欠债，由此可见其真正的价值。

礼数所费无多，受益匪浅：敬人者必被敬。殷勤与恭敬的好处是都会留有后效：前者对受者，后者对施者。

切勿招嫌

千万不可让人反感，而那反感，即便不去招惹往往也会不期而至。有很多人不知为什么平白无故地就会厌弃别人。

心存恶意必定阻遏人情的回馈。恶念之于伤害比贪欲之于趋利更为立竿见影。有人借口生性火爆或者脾气不好而故意与人交恶。憎恶之情一旦萌生，如同偏见一样，再难消除。这种人惧怕有头脑者、讨厌饶舌者、嫌弃狂妄者、鄙夷偷窥者、远离出众者。

所以还是以尊重别人来换取别人的尊重吧，欲得之，必先予之。

就连知识也应以实际为准，没用的东西必须弃而不学。思维和情趣会随着时代的推移而不断变易。思维不能固守旧的模式，情趣也需顺应潮流。

人的喜好，各有不同，当以入时和趋雅为宜：明智者，尽管可能崇尚过去，还是应该在心理上和行为上适应现实。这一做人准则唯独不适用于心地淳厚，因为，无论什么时候，做人都得以德为本。

说实话、守承诺如今已经不再时髦，仿佛成了古董；而正人君子似乎是专为美好时代打造，尽管永远都会受人爱戴；所以，即使还有君子，也是既不多见也不会再有人效法。噢，如今这个时代实在是太可悲了，德稀缺而恶盛行。

既然不能按照自己的意愿生活，聪明人就该随遇而安：甘心接受命运的赐予而不奢求注定得不到的东西。

莫 把 没 事 当 有 事

正像有人事事敷衍一样，有人事事较劲。这种人总是煞有介事，无不当真，或抵死坚持，或困惑迷离。

必须慎重应对的大事并不很多，无须过分认真。对原本应该弃之不管的事情耿耿于心是本末倒置。许多本来该管的事情，不予理会，也就不再成为事情，若要当真，也就变得其大无比。

万事起头易，艰难继后来。良药时常反致病，听之任之并非做人的下策。

言威行重，气熏势灼，先声夺人。

威重表现于各个方面：交谈、演讲乃至行姿以及眼神、好恶。博得人心才是巨大的胜利。

威重同愚蠢的鲁莽及烦人的敷衍无缘，而是源于非凡天赋、辅以高尚品格的堂正威势。

切勿造作

多些美德，少点造作，因为造作是对美德最为鄙俗的亵渎。

造作，观之者讨厌，为之者也因为不胜其烦和刻意求似而苦不堪言。原本就有的长处会由于造作而失去光彩，因为人们会觉得那长处是强装假造而非自然天成，而一切属于自然天成的东西都总是要比人造的更可人心。

造作会被认为与其强装出来的样子无关。任何事情都是越没有人工雕琢痕迹越好，以示完美就是浑然天成。也不可以为逃避造作之嫌而强装没在造作，并最终跌入造作的泥潭。

聪明人绝对不该让人看出自知己长，因为这一疏失本身就会引起别人的注意。能够藏德于心而不借以邀宠者，实为双倍的不凡，长此以往必成众望所归。

能孚众望的人已经不多，如果是得到有识之士的赏识，就更加值得庆幸。势衰遇冷世之常情。得宠于众自有其道：德业双馨确凿无疑，讨喜，高效。

要让荣名从属于自己，使人知道是职位需要自己而不是自己需要那个职位：有人能为职位增辉，有人依靠职位获荣。

因后继者不才而显得卓越并非好事，因为那并不表明其为绝对的众望所归，而只能同样被人厌弃。

切 勿 成 为 逸 闻 录

关注他人劣行者表明自己已经声名扫地：有人想借他人之短来遮掩——如果不是洗刷的话——自己之短，或者是聊以自慰——真是愚蠢至极。这种人的嘴巴臭不可闻，恰好似藏污纳垢的阴沟塮场，谁在里面翻腾得越凶就越会自污。

很少有人能够无可挑剔，或有所长、或有所短。人无名气，其短不显。

精明的人理当拒绝成为流言蜚语大全，否则定会遭人唾弃，即使活着，也是了无意趣。

犯 蠢 不 是 蠢 ，
犯 蠢 而 不 知 掩 藏 才 是 真 蠢

人应藏情，更当藏拙。人皆有失，其差异在于：聪明人能够弥补已犯之过，傻瓜却是宣扬待犯之错。

声名更赖于心智而不是实际。既非圣贤，就该审慎。望高者其失亦显，恰好似日月之食。

交友之道，切忌露短；如有可能，自己也应置若罔闻。学会忘却乃是做人一诀，此处同样适用。

事 事 从 容

从容是品德的生命、言谈的气势、举止的灵魂，是光彩中的光彩。其余的一切长处全都是天性的点缀，而从容却是美德本身的华彩。甚至连思维推断也对之青睐。

从容多为天赐禀赋，后学是辅，因为，甚至就连强行训练也都不能使之增益。

从容已经超越了自若，更接近于优雅豪爽，意味着坦荡，能够增光添彩。离开了从容，美不诱人、巧亦变拙。从容对胆识、聪慧、机敏乃至威仪本身全都至关重要。从容是处事的捷径、成功的妙诀。

心高志豪由于能够提升所有的高尚品格，而成为英雄豪杰必备的主要条件之一：它能陶冶性情、开阔胸襟、拓展思路、提高素质和培植威仪。

无论是到了什么地方，心高志豪都会脱颖而出。即便是运气之神妒而掣肘，也会极尽可能、意气风发地冲破藩篱而凸显。

宽宏、大度以及一切优秀品质，全都以心高志豪为源泉。

切勿怨天尤人

怨天尤人势必损及自己的声誉，只会令人不屑和讨厌而不能博得安慰和同情，还可能导致听之者效法，述者的怨艾恰可成听者的辩白。

有人常会因对往事的抱怨招致新的凌辱：原本想要寻求对策或慰藉，结果却换来了别人的暗喜甚至是轻蔑。

最好的策略，是称赞一些人的情义以唤起另一些人的呼应，复述不在场者的恩惠等同于向在场者求赐，是将一些人的信任转售给另外一些人的方式。

精明的人绝不宣扬自己的挫折与缺点，而是只讲那些有助于交友、却敌的得意壮举。

事物并非以其实质而是以其表象为人所识。

物有所值，如能令其尽显其值，所值倍增：眼不得见，形同乌有。即便是真理，如果不具真理的形貌，也不可能得到尊重。

昏昏者众，昭昭者鲜。假象盛行，物以形论。形实不符者确有其事。好外观是好内涵的最好招牌。

高雅气度

襟怀自应有其雅量，亦即精神上的豪爽，而举止洒脱，自会心旷神怡。

并非人人都能如此，因为这意味着要宽宏大度。首先，要能对对手美言善待，其最能出彩的时候是当报复之机来临之际：不是打消念头，而是善加利用，越有得手把握就越要将其化为出其不意的宽容。这也是策略，而且甚至堪称是为政的精髓。

切忌强装得志，因为没有什么是能够强装得了的，而且，就是在确实可以得意的时候，也要坦然地加以掩饰。

反复思量是稳妥之道，没有明显把握之时尤当如此。或认可、或修正，均需假以时间。任何决定都需要找到新的理由作为依据或佐证。

如果事关赐予，审慎之赐会比随兴之予更被器重，只有一如所愿才会备受珍惜。如果必须拒绝，应当讲求方式，最后的"不"字要说得得体。

大多情况下，待到初始的急迫之情冷却之后，遭拒的失落才不至于耿耿于心。对求之切者，缓以回应是平抑热望的良计。

宁 可 与 众 同 疯
而 不 独 自 清 醒

宁可与众同疯而不独自清醒，这是政客们常念的经。如果人人都是疯子，那癫狂也就不会有人发觉；如果只有一个人清醒，那清醒肯定会被认定为癫狂。

随波逐流是如此之重要：有时候，无知或假作无知恰是大智的表现。

必须能够与人共处，而人们又大多愚昧无知。要想独自生存，必得非常像神或者变成畜生。不过，我倒是很想将这一格言改称为："宁愿同大多数人一起清醒，而不独自发疯。"

有些人就是希望以其癫狂来显示自己与众不同。

开拓生存条件就等于延展人生。

依存不该单一，物事不该局限，不管那依存和物事是多么脱俗超凡。一切都应加倍翻番，尤其是在涉及利益、恩泽和情趣等方面，更当拓展。

月有盈亏难长圆，人心易变事无恒。

应当蓄存以备不测，该把增福积裕看作人生之道的要义。正如苍天使我们最重要、最担风险的肢体全都成双作对一样，我们应当加倍扩充赖以生存的条件。

切 忌 逆 反 心 理

切忌逆反心理，逆反是犯傻、是讨厌。

要用理智去克服这种心态：凡事设疑可以视作明智的表现，然而，偏颇固执总难逃脱愚蠢之嫌。

这种人总要把甜美的交流化作干戈，如此这般，虽于无涉者并无大碍，却会招致亲友的腻烦。本该是享用美馔的时候，刺梗在喉会更觉难受。扫兴之举恰同此理。这类傻瓜是害群之马，不仅愚昧而且横蛮。

摆对自己的位子是指能够迅速把握事物的脉络。

很多人或是为细枝绞尽脑汁、或是为末节费尽唇舌，无论如何就是抓不住事情的要害，老是在一个地方兜来转去，却总也搞不清楚关键之所在，自己烦也惹人烦。

理不清头绪的人行事必然糊涂。这种人总是将时间与精力耗费在本该放弃的事情上，却又因为无暇或无力，而无法顾及那本不该舍弃的事情。

智 者 自 足

智者必当能够处理自己的一切事务。身之所负，即其所有。

如果能够拥有一位足以创建罗马并创造出宇宙万物的全能朋友，还是宁愿自己就是自己的那位朋友并独自傲立于天地之间。

既然没人能在观念和意趣上胜过自己，还有谁是自己不可或缺的人呢？

只应依靠自己，因为，等同于至尊就是至大的幸福。能够如此特立独行者绝无冥顽之气，而是富有智者风范、无异于神明。

放 任 之 术

当日常生活和亲友情谊之海泛起波澜的时候，尤其应当施以听之任之之术。人际交流中常会涛翻浪涌，人的情绪也会时有狂风暴雨，每逢这种时候，退而至于可供静息的安全港湾乃是明智之举。

很多时候，病痛会越治越重。最好还是顺其自然，任凭人们凭着良知去调处。良医不仅知道什么时候用药，还得知道什么时候不能用药，有时候，不用方剂反而更显高明。

要使袖手旁观、待其自敛成为平息俗世风波的策略，放任一时必能收到后效。

盆水会因微动而浑浊，想使之澄清，力所难及，只能等其自行沉淀。对待人世纷争，最好的办法就是任其自流，结果必然是自生自灭。

知 时 认 命

时乖运蹇时而有之。事事不顺，尽管行为方式可改，乖舛之运难变。再遇此种情况的时候，理应有所知觉，发现背时，就该收敛。

头脑亦有浑噩之时，没人能够时时清醒。一如落笔成章、思路顺畅只是运气。能否至善有赖机缘。美亦并非一成不变。精明常会有失，有时不够，有时过分；而为了成功，必得是一切适遇其机。

正像有人事事不顺一样，有人则无往不利，而且还是无须太多着意：一切现成，才思敏捷，神清气爽，福星高照。当此之时，理当紧抓不放而不错失哪怕最小的契机。

然而，明智的人万万不能以一时的表象判断顺与不顺，因为，顺可能是侥幸，不顺可能是偶然。

能够辨精识粹是高雅意趣之福。蜂采花粉以酿蜜，蛇取苦胶以制毒。意趣也是如此，有人趋向精粹，有人偏嗜糟粕。

没有什么东西完全没有可取之处，如果是书籍，因为是思想的结晶，而尤为如此。

所以，有些人的天性实在堪悲，置万般好处于不顾，却对可能仅有的瑕疵情有独钟，对此，有人谴责、有人揶揄：这种人是心智垃圾的收集站，见到的只是疮痍、缺憾，此乃对其恶癖的惩罚而非其精明的体现，他们活得非常可悲，食苦若饴、将糠秕当美馔。

与之相反，另一些人的意趣却要高雅得多：他们能够迅疾地从千万不足中，找出唯一侥幸落入其眼帘的亮点。

切 忌 自 说 自 话

不能悦人而自悦鲜有裨益，一般来说，意得志满通常都会遭到人们的鄙弃。自鸣得意者人见人嫌。

喜欢自说自话没有好结果：私下里自言自语是发疯，当众自说自听则是疯上加疯。

"我来说说？"以及那句费心积虑想诱使人家认同或夸赞自己的高见的"怎么样？"之类的口头禅是自命不凡者的通病，让人听起来很不舒服。妄自尊大的人也愿意自说自应，那拿腔拿调的架势，就是想要傻瓜对其所讲的每字每句都用一句烦人的"说得好!"加以附和。

切 勿 因 为 固 执 而 护 短

因为固执而护短，会让对手占先、得势。未战而先败，必定丢盔卸甲。以劣对优，绝难反而制胜。抢先占得优势是对手的睿智，继后以劣反制是自己愚蠢。

拗于行者比执于言者更为危险，因为做比说更能致害。不较于辩之理、不计于讼之利，是冥顽之徒的鄙俚。

精明者，或有先见之明，或经嗣后调整，总是取理智而忌冲动。如果对手愚钝，则会针锋相对地转向，从而变优势为劣势。自己为所当为，是使对手转优为劣的唯一良策，其愚蠢将令之失势，其固执会使之落败。

切忌为脱俗而诡异

流俗和诡异是两个有损声名的极端。凡是有失庄重的事物均属愚顽。

诡异是一种初始之时尚能以新奇和刺激而博得喝彩的欺蒙假象，而后，就会因为露出不雅的真实面貌而威信扫地。诡异是骗术，用于政治，必定祸国殃民。

那些没有能力或者没有勇气以德取胜的人，才会走上诡异之路，虽然能够取宠于傻瓜笨蛋，但却反衬出了智者的真知。

诡异表现为思想激进，所以有悖于谨言慎行之理，即便也许并非全无所本，至少也是难说有据，大大有失庄重。

未取先予实为求取之道。

即便是在升天这种事情上，教会的经师们也会出此妙招。欲取先予极具掩饰功效，因为，用预想的利益做诱饵博取人心，使之觉得自己的利益被置于前，其实却只不过是为了迎合其暗藏的心机罢了。

切忌失慎于初始之际，尤其是在不明深浅的当口；对意存抵触者，更当如此，以期使之不呈规避退让之意。面对习惯于开口就拒绝的人，则当藏锋敛锷，以免令其难启诺口。

这一警示应当归入有关心机的箴言之中，因为句句都是至理名言。

切 勿 暴 露 自 己 的 痛 处

切勿暴露受伤的手指，暴露就会时时被人触痛。

千万不能抱怨自己的痛楚，因为心怀叵测的人一定会击打你不堪击打的地方。自怨自艾毫无用处，只会让人幸灾乐祸：仇家会伺机让你暴跳、会不断地试探你的感觉，千方百计地想要找到你的痛点。

精明的人永远都不要自作聪明，更不能显露自己先天和后天的短处，因为，甚至幸运之神有时也会拿戏触你最为疼痛的地方来取乐。

折磨人总是要选最痛之处，所以，切勿暴露自己的旧痛、新伤：新伤可能让你毙命，旧痛则会使苦楚绵延。

事物的表象通常同其内里大相径庭，只能看到浮皮的浅薄，在深入了内里之后就会有一种豁然梦醒的感觉。

假象向来都是先行并能蒙蔽冥顽愚钝的傻瓜。真相总是随着时间的流逝最后才步履蹒跚地迟迟而至。

聪明的人会将苍天明智地双倍赋予自己的一半能力留给真相。假象极其肤浅，浅薄之徒立刻就会信以为真。真相深藏在事物的内里，等待着智者、明人去发掘。

切 勿 不 可 接 近

世上没有绝对不需要别人耳提面命的完人。

不听人劝，愚不可及。再有主见的人也得听听朋友的忠言，即便是君王也不能全然拒绝效忠进谏。有些人由于拒人千里而不可救药，之所以临崖失足，是因为没人敢于近前劝阻。

最为刚正的人也得为朋友保有一扇敞开着的大门，那就是求助之门。

诤友不可或缺，或警示或苛责，均能直言无忌：这种尊崇源自其尽心竭力，当然还有极端的忠诚与睿智。不是什么人都配得到这样的尊重和信任。但是，在内心深处必须将一位知己当成可靠的镜子，以使自己假其点拨而行不苟容。

从交谈中可以看出人品。交谈是人生中最为平常的活动，所以也就比任何其他事情都更加需要经心。

或成或败，全赖于此，因为，既然就连写信这种书面形式的思想交流尚且需要智巧的话，那么，即刻显示才思的当面交谈就更加需要机敏了啊！行家可以依据一个人的谈吐了解其人品，所以先哲才说："若想被认知，就请开尊口。"

有人以为交谈的技巧就是不讲技巧，好比穿衣，舒服就好。

至交之间容易沟通，话题越是庄重就会越富有内容，并越能显出其有多少内涵。符合参与者的性情与才智的交谈，方能融洽谐和。切勿字斟句酌，否则就会被斥迂腐；更不能找茬挑理，否者将会没人与之来往与交流。

开口出言，巧胜于多。

善 于 诿 过 于 人

善于诿过，亦即找人代受攻击，是治人者的大略。

找人代为承担过失和非议之苦，并非如人恶意揣度的那样是无能的表现，而是高超的技巧。

不可能事事完美，更不可能事事让人人满意，那就找一个受自家野心之累的倒霉鬼去当替罪羊吧。

己之所长只有其好的内核是不够的，因为并非人人都能慧眼识珠，也不是人人都能看到内里。

人们大多都有从众心理，见人为而为之。

取信是一大智巧：有时需要称道，夸赞可以引人向往；有时需要正名，正名可以收到升华的奇效，去伪存真。

以专找识货者为招牌能够唤起普遍兴趣，因为人人都以行家自居，即便不是这样，奇货也更能招揽顾客。万万不能将事情说得轻易和平常，因为，这样只会使之显得低俗而无益于促销。新奇独到、赏心悦目，人人喜欢。

虑 事 在 前

今天要想到明天以至更远。最好的决定是有时间作出的决定。

有备无虞,有防无患。不能有难再虑,应该虑之在先。对于繁难之处,必须思之再三。

枕头是无言的名师,凡事,宁可想好了再睡,而不要因为出了麻烦而无法成眠。

有人行于前而思在后,于事无补,只能为失败找找托辞。更有人事先不虑、事后也不想。人生在世,时时刻刻都得为行必有成费心劳神。慎思而有备,方能活得明白。

勿 同 障 己 者 为 伍

任何时候都不可同会使自己失去光彩的人结伴：包括强于己者，也包括弱于己者。卓尔不群才能受到非凡的器重。

人家总是位居第一，自己就只能退居其后。即便能够得到些许称许，必定也是人家的残羹冷炙。皓月凌空，傲视群星，然而，骄阳一现，不是隐没就是匿踪。

绝对不要挨近会令自己黯然失色者，而应该结交能为自己增光添彩的人。正是由于这个原因，马提雅尔①的《神话》中的乖乖女才显得美若天仙，并被其丫鬟们的丑陋与邋遢映衬得光鲜照人。也不该冒险与小人同行，更不要让自己的声名为别人增辉。

成功前，多与杰出人士为伍；成功后，隐身于常人群中。

———————

① 马提雅尔（约38—约103），罗马著名铭辞诗人。

切 勿 填 充 巨 人 之 空

务必要避免前去填充巨人留下的空缺。如果非如此不可，就得具有游刃有余的把握。

必须加倍努力，以期做到能够同前任媲美。正如继任者能够做到让人觉得自己恰如期待是计谋一样，不令前任使自己黯然失色则就是精明了。

填补一个巨人留下来的空缺是件很难的事情，因为人们总会觉得过去的一切更好。即便是做得一样好都还不够，因为仍然处于人家的阴影之中。所以，必须显示出更大的才华，方能最大限度地消除前任的影响。

切 勿 轻 信 与 轻 爱

一个人的成熟程度见之于是否轻信：说假话的现象非常普遍，置信就该慎之又慎。

轻易相信势必造成嗣后的尴尬，但是，也不该对别人的诚信显露怀疑。怀疑会从失礼转化为侮辱，因为，那是将对方当成骗子或傻瓜。

这还不是最大的弊端，糟糕的是，不相信就等于是怀疑人家说谎。因为说谎有两大坏处：既不相信别人，也不被别人相信。

缓下结论是听之者的明智，而且还应该相信那位说过"轻易示爱也是不够慎重的表现"的先人①，因为，既然能够虚于言辞，必定也会虚于行动，而以行动进行欺骗的人危害更甚。

————

① 指古罗马著名演说家西塞罗（前106—前43）。

学 会 控 制 情 绪

如果可能，要让冷静的头脑来抑制鄙俗的冲动。对于一个审慎的人来说，这不是件很难的事情。

冲动始于感到心绪激越，亦即受到情感的左右，渐渐发展到光火的地步而不能控制，继之而来的就是转化为暴怒。必须善于及时遏制，因为奔马难停。在失控的瞬间保持清醒是对理智的巨大考验。

任何过激的情绪都会导致理智的丧失，不过，有了这一明确的警觉，就不会头脑发昏和逾越理智的界限。要想有效驾驭激情，必须时刻抓紧警觉这根缰绳，这样一来，即便成不了最后的理智骑手，至少也算是开了先河。

朋友必须经过细心核查和穷通考验，不仅需要意诚，还得为人聪敏。这是关乎人生的大事，但却极少被人重视。

有些人爱操闲心，大多数人都是随机就缘。人从友识，智者绝不与无知之辈交好，不过，喜欢一个人并不意味将其视为挚友，很可能只是因为可以从其言谈中得到愉悦，而并非出于对其才能的信任。

友情有真挚与应景之分，前者可佐成功，后者只供解颐。因人成友者鲜，以利聚首者众。一位至交的智慧要比许多一般朋友的善意更为实际。

所以，必须加以选择，而不能只凭机缘，聪明的朋友能够消灾解难，愚蠢的朋友只会招惹麻烦。如果不想失去朋友，就不要希望他飞黄腾达。

切 勿 对 人 误 判

对人误判是最糟糕和最容易犯的错误。

宁可多花钱也不买次货，没有什么能比了解人更需要看到其内在本质。

辨人与识货有所不同，察人禀赋、知人性情是一大学问。应该把人当成书本认真研读。

知友善用自有其诀窍：有人宜远交，有人宜近处，不宜对谈者也许可以成为信友。

距离可以消弭某些眼见难容的缺点。

交友不能只图惬意，还要讲求实效，必须具备好事不可或缺的完整、美好和真实这三大要素。有人将之称作物本，因为朋友可以兼而有之。可做好友者本来就少，不能善择使之更显难得。

固旧比交新更为重要。要与能够持久的人结交，尽管初始为新，不过，足以让人感到欣慰的是日久终能成故知。

朋友，绝对是那种能够甘苦与共的最好，尽管需要经过相当的历练。没有朋友如同幽困荒漠。友情既可以添喜又能够分忧，是抗衡厄运的不二良方和释怀解颐的妙药灵丹。

善忍蠢人

有学问的人总是不善容忍，因为学问越大耐心就越小。识多难悦。按照爱比克泰德①的说法，人生的要义是容忍，智慧之半与此相关。

既然一切蠢行均须容忍，必得具有极大的耐性。有时候，越是贴近的人越需要我们容忍，这对超越自我大有裨益。

容忍可以衍生出被视为俗世至福的无上宁静，而不善容忍的人常常会自闭，然而，即便是对自己，也需要能够容忍。

———————

① 爱比克泰德（约55—约135），古罗马哲学家。

审慎出言：对对手，意在提防；对其他人，以示庄重。开口容易，可是，言出难收。

讲话应像立嘱：愈是简明，愈少纷争。

必须视小如大。深奥可显神秘。嘴快容易招损和受制。

了 解 自 己 偏 嗜 的 缺 点

再完美的人也难免会有些缺点，而且还是根深蒂固、难以剔除。

这类缺点常常表现于才智方面，越是聪慧的人就越加突出和明显。并非是因为当事者本人不自知，而是由于因爱成癖。两情交汇：热衷与癖嗜。

这类缺点犹如花容之痣，别人越是觉得扎眼，自己就越是喜欢。这正是应该勇于自制之处，并从而凸显其他优点。

人人都会发现那些缺欠，在本该赞叹其令人瞠目的卓绝之时，反而倒会专注那些因为玷污其他长处而贬损其人品的地方。

对于对手与敌意，漠视固然稳妥，但却不够，而是应以宽宏大度待之。

没有什么能比对诋毁者美言夸赞更为值得嘉许。没有什么能比以令嫉恨者自惭和痛苦的成功与美德进行报复更加值得称道。

自己每取得一项成功，都意味着拉了一下系在嫉恨者脖子上的绳索，自己的荣耀就是对手的磨难。让自己的成功成为对手的毒药是最好的惩罚手段。嫉恨者不会骤然死去，被嫉恨者每次博得的喝彩，都会使之经历一次死亡的痛楚：一方的名望与另一方的苦涩相与并行，一个节节成功、一个痛无尽期。

成功如同号角，在高歌一个人不朽的同时宣告着另一个人的死亡，使其耿耿于心的嫉恨永难消解。

切 勿 因 同 情 不 幸
反 遭 被 人 同 情 的 不 幸

某些人的不幸恰是另一些人的大幸。没有许多人的不幸也就不会有个别人的大幸。

不幸者自会博得众人的怜悯，并使之愿意以无谓的好心去弥补时运对其所施的戏弄。也许确实有过发达时人人厌弃、背运时人人同情的事例。对显赫的嫉恨于是转而化作了对没落的叹惋。

然而，聪明人应该知道时运无常。有些人只同背时者为伍，今天因其不幸而倾情的，恰是昨天因其运通而趋避之人。这也许是天性高尚的表现，但却并非明智之举。

对某些事情，特别是那些对其是否妥当和可取程度尚存疑虑者，应当先看看人们的反应和接受程度。需要确保成功并留出进退的空间。

了解了相关的意向，有心人也就确知了自己的处境：需求、祈望和决断均需慎之又慎。

光 明 磊 落

光明磊落，明智的人也可能被迫出战，但不会不择手段：每个人都应以自己的做人方式行事，而不能屈从于形势。

竞争中的君子风度值得称赞。获胜，不仅是要在实力上而且也要在方式上。运用卑鄙手段得手不是取胜，而是降服。

坦荡向来都是强势的表现，君子永远都不会仰仗暗器，情断嫌生后的手段就属此类，因为不能将信任作为报复工具。任何具有背信弃义性质的举止都会污损声名。讲求信义者绝无丝毫卑劣心理，必定会鲜明地界定高尚与卑鄙的区别。

务必谨记：君子风度、仗义与诚信即便已然绝迹于尘世，也一定要将之留存在自己的心里。

分辨一个人是长于言还是长于行，是确认朋友乃至其迥然不同的人品和用处的唯一方式。

口无好言却不做坏事者已经不好，然而，口无恶言却不做好事者更坏。

言语如清风，不能当饭吃；客套是婉转的欺骗，不能解渴消饥。用光捕鸟，纯属瞎晃。

贪慕虚荣者喜欢浮言轻诺。言为行质，所以，说了的话要算数。不结果只长叶的树通常无心，应该善加分辨：有的可以取实，有的只能遮阴。

学 会 自 助

大难之时最可凭依的莫过于坚强的心，而稍有犹疑，就需要与之相近的器官进行补充。

能够自立的人，磨难相对要小。切勿向命运低头，否则将会令其不堪忍受。有人在工作上自助能力较差，由于不善料理，而倍感辛苦。

有自知之明的人能够通过自省克服弱点，而精明之士则能无往而不利，甚至可以改变命运。

愚蠢怪物，是指所有那些虚荣、狂妄、执拗、任性、自负、乖戾、忸怩、讨巧、猎奇、无常、偏激，以及其他各式各样的荒诞怪异之徒。他们全都是令人讨厌的丑类。

精神上的畸变，因与至美相悖，其丑甚于肢体上的残疾。

然而，谁又能矫正得了如此泛滥的荒谬现象呢！在那失去了判断能力的地方，必定容不得规劝与指点，原本是挪揄的调侃，却被当成了臆想中的夸赞。

百 得 之 功 不 抵 一 失 之 害

骄阳当空，无人关注；蚀象一现，举世仰望。

众口流播的不是一个人的功绩，而是其失误。可资非议的坏人远比值得称颂的好人更易出名。很多人只是在作奸犯科之后才为世人所知。所有的好处全都加在一起，也不足以抵消一个消极面的污点。

人人都应明白：心怀叵测的人会牢牢记住你的每一个过失，但却看不到你的任何长处。

凡事有所保留是确保无虞之策。

资源不可一次用尽，力量不可一发而竭。即便是学识，也应留有储备，以期取得好上加好的功效。

无论什么时候都应保有解难救急之法。救助强似一意孤行，因为，这是勇于取信的表现。

明智之举总是万无一失。即便是在这个意义上，"半胜于全"这一尖刻的悖论也是真理。

切 勿 滥 用 人 情

重要的朋友要留待重要的时机，万万不可将大义用于小事，否则就是浪费人情：绝妙的招数总是要留给最后的关头。将檩做椽，何以为檩？

当今的世界上，没有什么能比靠山更为有用，没有什么能比决定成败乃至智愚的人情更为值得珍惜。就连命运之神都要妒羡苍天与名望赋予智者的一切。

善结人缘至为重要，应把人缘置于钱物之上。

同无所可失者较劲是不公平竞争。

人家，甚至连颜面都早已丧失殆尽，所以，可以无所顾忌。这种人既然已经一无所有，也就不会再有所失，因而就会不择手段。

绝对不可以让至为宝贵的声名去冒如此巨大的风险。多年的辛苦所得会因一时气盛而毁于一旦。一次闪失足以使大量的晶莹汗水幻化成冰。

有失之虞会让有识之士谨言慎行。虑及自己的声名，自然就会审视对手；既然赔上了小心，自然就会为及时退避、挽回声名留有余地。冒有失之险而蒙受的损失，是连胜利也无法弥补的。

切 勿 成 为
待 人 接 物 中 的 玻 璃 人

切勿成为待人接物中的玻璃人。结交朋友的时候，更加不能如此。

有些人显得极其脆弱、动辄受损。自己像是受气包，也让别人难以忍受。这种人仿佛比眼睛的瞳仁还要娇嫩，容不得或真或假的触碰，即便是粉尘（更别说沙砾）也会使之受伤。

跟这种人打交道需要陪尽小心，必得时时刻刻规避其弱点、迎合其脾气，稍有不慎，就会惹其翻脸。

这种人往往极其自我，唯自己的好恶是从（可以为之不顾一切）、唯自己的面子是尊。作为情人时的心态，则是其恒其坚半似钻石。

善于铺排才是善于享受。

很多人苟延生命却无幸福可言，常常是因为不知享受而使乐事成空，嗣后追悔已为时太晚。

这种人是生命的御夫，不满足于时光的自然流逝，而要费心积虑地强行驱赶。他们妄想一天之内就吞下也许终生都难消化的美馔。他们超前享乐、预支年华，由于操之过急，转眼之间就得面对凋零。

即便是求知，也需有方，不可生吞活剥成半解。

岁月悠悠，喜庆有限。享乐宜缓，做事应速。业绩，成功为好；享乐，过后即了。

做 实 在 的 人

实在的人不会喜欢不实在的人。没有实在根基的名望不会有好的结果。

并非是人就能成为汉子：那些耽于幻想、止于甘言的谎骗之徒就不是，还有另外那些与之类似、支持他们并更喜欢虚幻（因其说出了一个很美的谎言）而不喜欢实在（因其揭示一个平淡的真理）的人也不是。这类人一厢情愿的欲望终难兑现，因为没有坚实的根基。

只有真实才能造就真正的名望，只有实在才能产生效益。一句谎话需要许许多多的谎话的支撑，于是就最终汇聚成为了一个骗局。骗局是空中楼阁，必将难逃倒塌的命运。不实绝对不能长久：其丰厚的承诺足以令人起疑，正如过犹不及。

没有才智无法生存，而这才智或源自于自身或属于求取而得。

不过，很多人意识不到自己无知，还有些人本来无知却又自以为知。愚蠢之为病则无药可医。无知者而又不自知，自然也就不会去弥补自身的不足。

有些人如果不是以智者自恃，说不定真的会成为智者。正是由于这个原因，大智之士，尽管凤毛麟角，却都无所事事，因为，无人趋而就教。求教无损于人格的高贵也不表示低能，反而可以获得赞誉、增长才干。

若想不受困，就得有理性。

与 人 交 往 时，
切 勿 过 分 率 直

既不要对别人过分率直，也不要让别人对自己过分率直。

率直很快就会失去因庄重而有的威仪，继而就是失去敬畏。星辰因距我们遥远而得以保持熠熠光辉。神明需要的是威严。

仁厚之举容易招致轻慢。人际之间过从越多就越为不利，因为，交往会暴露刻意掩饰的缺点。跟任何人都不宜过于率直。对强于己者，会有风险；对弱于己者，会伤尊严；尤其要远避粗俗小人，这种人会因愚蠢而胆大妄为，并且常常会错把恩惠当成是应分。

平易是鄙俗的近亲。

要相信直觉，尤其是在面临考验的时候。永远不要违背直觉，直觉犹如家神，常常能够给人以重要的启示。

很多人恰恰就是因为自己原本最为忧虑的事情而丧生，然而，忧而无为又有何益？有些人具有直觉特别敏锐的长处，总能预感到危难并制订出防患之策。

对待祸殃，屈而受之是为不智，迎而胜之才是高明。

深 藏 不 露 是 能 力 的 标 志

胸无隐秘如同展开的书信。有城府才能藏得住机密，因为，只有这样，宏图大略方有可能找到富裕的空间与隐藏之处。

为人应能自制，只有做到了这一点才能算是真正的胜利。向多少人袒露胸襟就是对多少人展示自己。审慎之诀在于自我节制。

深藏不露之难在于外在的诱逼，即使是最为审慎的人，也难免面对顶撞而不改容、面对试探而不暴怒。

要做的事情不必挂在嘴上，说出口的事情不必真做。

蠢人永远都不会做智者认为应该做的事情，因其不知好歹。

聪明人也不会按照蠢人的想法行事，因其有着能够使自己清醒的睿智乃至警惕。

凡事均须从两方面去权衡、均须将其置之于两个极端反复考虑。决策可能会有多种，重要的是要冷静，既要想到结果更要想到可能。

既 不 说 谎 又 不 尽 吐 真 情

披露真情好比是从心里放血，应当慎之又慎。必须知道什么当说、什么不当说。

一句谎言足以葬送全部的诚实名声：诓骗会被认作不恭，诓骗者会被当成伪君子。

并非所有的真情都可以外泄：有的对自己至关重要，有的对别人更有意义。

切勿把别人视之过高，以至于使自己对之暗生畏惧：任何时候都不能用想象取代理智。在与之交往之前，很多人都会貌似非凡，可是，经过接触，却只会令人失望而不是更加敬重。

没有谁能够超越做人的局限。

人人皆有自己的所短，有的表现于才思，有的见之于性情。权势只能赋予表面的威仪，很少有人能够兼具人格的魅力，所以，命运之神常常会让位显者少德以为惩戒。

想象总是先行并有夸大之癖，不仅着意实况，而且还会辅以该当。请用经过历练的清醒理智纠正想象的虚妄吧。

不过，应该不因愚钝而鲁莽、不因审慎而怯懦。自信既然可助憨厚，那么，又当对智勇起到什么作用呢？

不 可 太 过 执 着

蠢人必固执，固执必致蠢，越是错误就越是执迷。

即便是在确实有利的情况下，退让也是有益无害：不仅在握之理不会被人漠视，而且还能赢得豪爽大度的名声。

执迷酿成的损失远远大于致胜可能带来的收益。固执所维护的不是真理而是愚昧。有人脑袋如同榆木疙瘩，绝对没有办法使之开窍。固执一旦再加上任性，势必会变得愚蠢无比。

毅力应该表现于意志而不是一时之见。在决策和执行两个方面，都能没有失误又不受挫折确属特例。

即便是君王，过分讲究排场也会被看成反常。只顾颜面的人令人讨厌，而且也确实存在有此癖好的国度。其愚蠢的表象就是，非常看重名声又显得其名声缺少根基、担心其时时都有可能受损。

注重礼仪是好的，但是，切勿被人看成是虚套大师。

不讲排场确实需要非凡的素养。对于礼仪，既不能忽视也不能过分讲究。注重面子的人成就不了大事。

切不可拿信誉孤注一掷

切不可拿信誉孤注一掷，因为，一旦失算，贻害无穷。

出错一次（尤其是初次）完全可能。一个人不可能总是吉星高照，所以才会有"赶上点儿了"的说法。头一次如果失误了，就要确保第二次；头一次如果成功了，第二次也就有了铺垫。

永远都要为补益与进取留有余地。世事的成败取决于各种偶然因素，而这因素又有多重，所以，成功之喜实属难得。

善辨瑕疵，不管那瑕疵得到了多大程度的认可。

瑕疵即便是花团锦簇，也应洞悉其丑恶本质。瑕疵也许会裹金镶玉，然而，不会因此就能尽掩其陋。瑕疵绝对不会因其寄主高贵而就脱卸掉卑劣属性。恶癖可以美化，不过，终究不会变成美德。

有人会说某某英雄有过某某过失，但是，他们没有看到那人不是因为那过失而成为英雄的。位显则威重，以致可以释丑；阿谀甚至能够无视貌疠，但却未曾注意：显赫时的避讳，失势后必定遭到诟病。

讨 巧 事 ， 亲 为 ；
讨 嫌 事 ， 由 人

讨巧之事，自当亲为；讨嫌之事，由人去做。前者可以积望，后者则能避怨。

对于伟人们而言，行善之乐是对慷慨的回报，故而胜于受惠之喜。使人不快很难不招致自己的不快，或因悯人或因悔己。

身居高位者的所为不是得到回报就是施加压力。应该悉心为善、避不做恶。要为别人留出发泄怨怼和非议等不满情绪的空间。

俗众之怒常常就像疯狗，找不到病根，于是就对羁索发狠。羁索尽管并非祸端，却要直接受过。

言必称善是心性的体现，表明一个人情趣高雅、尊重现实。谁能识美在先必定会爱美在后。预报佳音可供议论、可资效法。这是礼遇现实之美的绝好方式。

然而，有些人却反其道而行之。总是开口必出恶言，借贬低不在眼前的事情颂扬眼前的事情。这种行为只能在浅薄之辈面前讨巧，因为他们无法识破此类对一些人搬弄另一些人的是非的把戏。

有些人惯施以菲薄昨天之辉煌来阿谀今日之平庸的手段。精明之士当能看穿这类讨巧伎俩，即不受此人的虚言迷惑也不为彼人的谄媚自喜，必须清楚：这种人不论到了哪儿都会重演故伎，只是见风使舵，随机应变而已。

善用他人的需求

善用他人的需求，因为，那需求如果到达了切望的地步，定可成为有效的钳制利器。

哲人们认为需求不值一顾，政客们却说需求意味着一切。政客们了解得更为透彻。

有些人为了达到自己的目的，而将别人的切望当成阶梯。他们抓住机会，利用其所愿难遂的困境使其望之更切。他们属意的是人家求取之情急而非其达成的满足，而人家随着求而不得的急切情绪的增长，其欲望就会变得愈加炽烈。

为了实现自己的意图，诀窍就在于保持人家对自己的依赖。

即便是废物，也可以从得以保全中得到慰籍。

本来就没有不能抚慰的痛楚：傻人的慰藉在于总是与运气相伴，所以俗话中才有"丑女之福"的说辞。

要想长寿，身价要低是关键。摔碎了的瓦罐无以再破，其恒定令人由嫉妒而生恨。

命运之神似乎也在妒贤嫉能，刻意让庸人长生、英才薄命。多少栋梁之才早逝，而或真或假的废物却得以长存。时运和死神仿佛已有默契：不去理睬命蹇之人。

莫 为 过 分 殷 勤 所 迷 惑

过分殷勤是一种欺骗。

有些人无需迷药而只要摘下帽子点个头，就可以让傻瓜——即歆羡虚荣之徒——受宠若惊。这种人为名位标出了价码，用以报答的却只不过是些许蜜语甘言。

应诺是对付傻瓜的手段，无不应诺等于无所应诺。

真正的殷勤是举债，假意的殷勤是欺骗，反常的殷勤是更大的欺骗：此非常人之举，而是有所需求的表现。过于殷勤之人所礼拜的不是对象本身，而是其尊荣和受其宠幸；不是认可其确有的品格，而是其可望从他那里得到的好处。

自己要活，就得让人也能活。平和的人不仅能长寿，而且还能服人。

应该多听、多看，但要慎言。日无争讼，夜能安眠。长寿又惬意，一生如两世：唯平和之所能致。

无不实之欲者至为富有。贪得无厌是最大的不智。为与己无关的事情伤神和对与己有关之事粗心同样愚蠢。

谨 防 被 人 利 用

警醒是提防欺诈的最好办法。对付奸狡，唯有精明。

有些人惯于将为己装扮成为人，所以，稍不留神就有可能甘冒烧灼之痛替人火中取栗。

慎于审视自己和自己的事情

慎于审视自己和自己的事情，尤其是在初涉人生的时候更当如此。

人皆自视过高，品级愈下者愈甚。每个人都会梦想腾达并自以为是奇才。起初望之切切，到头来却是一事无成。现实的失意铸就对空想的惩罚。

要用理智去纠正这类失误。尽管可以怀有美好的企望，但却应该时时做好最坏的准备，以期能够平静地面对最终结局。

目标高远固然是求中之策，然而，万万不可至于荒谬的地步。初涉职场之时，必须进行这样的心态调整，初生之犊的意气常会失于不智。

除了理性，没有别的万应灵药能够治愚。每个人都必须清楚自己的能力与处境，从而使对自己的认知符合实际。

善 识 人 长

世上本无不可以在某一方面成为人师的人，世上也无不能超越别人的人。

善取人之所长是为真智：智者敬人，因为承认人之所长并知其来之不易。

愚者傲世，因为不识芝兰而偏嗜膻腥。

再不济的人也会有交运的时候，而如果落难，只是因为自己没有把握住而已。

有些人得到了王公权贵的眷顾却不明就里与原因，其实不过是其自身的命运给了他们以契机，而他们要做的只不过是用心顺应罢了。

还有些人深受智者的青睐：有的在这个国家比在另一个国家更被认可，有的在这一地域比在另一地域更负盛名，也有的在这一职位比在另一职位更为顺利，而所有这一切，竟是在其业绩实际上相近乃至相同的情况下发生的。

命运自有其运行的方式与时机，每个人都必须善于把握自己的命运，以及决定成败的天赋才智。对命运，应该学会顺应和因势利导，切勿妄图改变，否则就可能误入歧途。

永 远 不 要 同 蠢 人 纠 缠

不能辨识蠢人者是为蠢，能够辨识蠢人却不能坚拒者更蠢。蠢人之于泛泛之交已属危险，如若引为知己必当贻害无穷。

自身的谨慎与别人的提防，也许可能会让蠢人收敛于一时，但是，蠢人最终还是要做蠢事、讲蠢话，如果尚未显形，则是在蓄势以待喷薄之机。声名狼藉者只会为别人抹黑招损。蠢人因为是蠢行的寄主而至为不祥并极具传染性。

蠢人只有一点差强人意之处，那就是：他们自己尽管不能从智者那儿获益，却能以其举止或教训令智者大长见识。

有些国家，人们必须在弃之而后方能显出自己的价值，业绩显赫者尤其如此。对于才俊而言，自己的祖国反倒成了后娘：在那里妒忌之情根深蒂固，人们只会记得一个人初始时的卑微，而看不到其嗣后所创造的辉煌。

普通别针漂洋过海之后就能够被当成珍宝，玻璃珠子换了个地方竟然可以赛过钻石。①

大凡异域之物都会被人另眼相看，或因其是远道而来，或因其是在被人得到之时业已成型而且臻于完美。

昔日在故土默默无闻而如今举世仰望者大有人在，受到同胞和

---

① 指西班牙人初到美洲时的情景。

外人的尊崇：同胞因为是远观；外人因其来自异邦。

园中枯木可以制成雕像置于祭坛之上，但是，知其原为枯木者永远都不会将其奉为神明。

遇事应善用理智，切莫强求。以德取胜是获得敬重的正道。努力如果能够持之以恒，才能显出速效之功。

单纯的刚正不足以有成，单纯的勤勉无济于事，世事之污浊令人厌弃声名。

只有善用理智，才是得其该得之法和善能进取之道。

常 怀 期 待

常怀期待才不会成为快乐的不幸之人。身体需要呼吸，心灵需要常怀期待。

如果应有尽有，其有也就平淡、无趣。即便是求知，也需要永远保有能够激起探索欲望的余裕。希望可以使人振奋，福满能够置人于死地。

奖掖的诀窍在于永远勿令满足。一旦无欲无求，也就到了堪虑的时候：那是无乐之乐。无欲则忧生。

似 蠢 者 皆 蠢，
似 不 蠢 者 其 半 为 蠢

愚蠢已经席卷世界，若言尚存些许智慧，亦属天疏所致之蠢。

不过，至蠢莫过于不知己蠢而谓人蠢。智者不能貌似，更不能自恃。自以为不知是真知，看不到人皆能见是有眼无珠。

世多蠢才，所以没人自认为蠢，甚至没人怀疑自己是否愚蠢。

言 行 造 就 完 人

言当求善，行当求端。言善显示思明，行端表明心正，二者同是源于情操高洁。言为行影：言为雌，行为雄。

获赞重于赞人。口说容易，力行乃难。

业绩才是人生要义，豪言只是装点而已：行之卓绝可以留芳，言再壮美说过便罢。行是心智的结晶：有的聪敏，有的辉煌。

精英不是很多：举世只有一只凤凰[①]，百年才出一位伟大统帅、一位完美的演说家[②]、一位智者，数百年才出一位贤主明君。

庸碌之辈比比皆是，乏善可陈；精英实属凤毛麟角，必得至善至美，品级愈高愈难企及。

很多人盗用过凯撒和亚历山大的"伟大"荣号，但却徒劳无功，没有业绩，称谓不过是掠耳清风：可比塞内加者寥若晨星，永葆盛名者唯有阿佩莱斯[③]一人。

[①] 凤凰，在西班牙语中用以指称"最为优秀的人"，此处具体指何人，不详。

[②] "演说家"以及随后的"智者""贤主明君"，具体所指均不详。

[③] 阿佩莱斯（活动时期为公元前 4 世纪），希腊化时代早期画家，其作品真迹已经无存，但是，其本人却一直被奉为绘画大师。

举 易 若 难 ， 举 难 若 易

举易若难，可以不因过分自信而误事；举难若易，可以不因缺乏自信而却步。

以为轻而易举常常会导致可为而无为，相反，孜孜以求却能夷平不可逾越的障碍。

面对艰险，甚至不必多所思虑，只需挺身奋进，因为已知之难不足畏惧。

藐视是求取之术。苦寻不得而后却于不经意间手到擒来之事屡见不鲜。尘世之事是天国之事的影子，因而具备影随其形的特性：追之则逸，避之却追。

藐视也是至为巧妙的报复手段。智者唯一的箴言就是不用笔墨与人论战：笔墨留痕，不仅无损于对手的嚣张，反而会使之浪得虚荣。

卑鄙小人惯用使伟人间接述及而对之攻讦的伎俩，以换得无法被其直接提起的荣幸：很多人，其名人对手倘若当初对其不予理睬，我们如今根本就不可能得闻其名。

默然处之是最好的报复，这样也就可以使之湮灭于其猥琐的尘埃之中。许多大胆狂徒都以为毁灭了世界的和历史的珍宝就能换得千古留名。

平息流言的良策就是置之不理：辩驳遭害，纵容毁名。应该笑对对手：污秽的雾霾终会散去，因其毕竟不能遮没至善的光辉。

鄙 俗 之 人 无 处 不 在

必须清楚：鄙俗之人无处不在，就连科林斯最为高贵的家族[①]也不例外。每个人都会在自家门内有过切身感受。

不过，鄙俗之人也有一般与特别之分，后者尤为可恶。特别鄙俗之人总是具有一般鄙俗之人的特性，一如镜碴相对于镜子，而且其害更甚。特别鄙俗的人讲话愚蠢至极、责人穷于挑剔，堪称愚昧之高徒、蠢行之宗师、流言之盟友。

不必理会其所言，更不必顾忌其所感。重要的是认清其本来面目，以使自己免于与其合流或者成其目标，因为，任何愚蠢言行均为鄙俗的表现，而鄙俗之众则是由蠢人聚集而成。

---

① 科林斯是位于希腊中南部伯奔尼撒半岛的古代和现代城市，公元前8
世纪该地就已发展成为商业中心。此处具体所指不详，当为泛指。

　善 于 自 制

遇到意外情况的时候，必须处之泰然。

冲动是理智的缺口，人们常会因之而落难。一时的激愤或兴致，可以使人做出冷静的时候几个钟点都做不出的事情。片刻之为也许就会酿成终身之恨。

工于心计的人常会针对人们的沉稳设下圈套，以期找到可资利用的时机或情势。他们将此视为揭秘的利器，因其能够破除最为严密的防护。

应当将自制当作反制的谋略，尤其是在情急的时候。三思而后行是避免冲动的必备条件。遇事明白才是真明白。预计到危险的人行事会小心谨慎。言者无心，听者、受者却会有意。

智者常会因为失去理性而丧命。相反，蠢人却是由于忠告太多而窒息。

因为犯蠢而死是死于过虑。有人因为善感而早亡，也有人由于麻木而长生。所以，有人因为没有死于善感而成了蠢人，也有人却又因为善感而亡终成蠢人。

死于过分精明者是蠢人。有人因为精明而陨灭，也有人因为冥顽而得生，不过，既然很多人死于犯蠢，真正的蠢人也就很少会死。

摆 脱 常 人 之 蠢

摆脱常人之蠢需要超凡的智慧。常人之蠢因为常见而被普遍认可，所以，有些人虽然不甘心于自身的愚昧，却又未能摆脱常人之蠢。

没人自认福满（哪怕是已经洪福齐天）、也没人自认才疏（哪怕是已经平庸至极）已成通病。人人都因不满自身之所有而艳羡他人的幸福。

同样，人人叹惋今不如昔，人人向往异邦物事。一切过去了的事物似乎都更加美好，一切遥不可及的事物都更受推崇。尽非与死守同样愚蠢。

实话是危险的，可是，君子又不能不讲实话。这就需要技巧。

善知人心的先师们早已经找出了甜化实话之法，因为切中要害的实话必定奇苦无比。方式的好坏取决于是否得体。同样一句话，有人能说得悦耳动听，可是，到了另一个人嘴里却会使人勃然变色。

应该以昔喻今。明理之人，一点就透；如仍执迷，则当缄口。对王公贵胄，忌用猛药：言甘实苦之术就是专门为此而发明。

天 堂 与 地 狱

天堂其乐融融，地狱其苦无尽。尘世居中，有乐也有苦。我们身居两极之间，得兼乐之幸与苦之痛。

时运常变：不会福无尽期，也不可能永远不顺。尘缘是空，本无所值；心系天堂，方才无价。漠对世事变迁是为明慎，慕异求新实非智举。

人生如戏，总有散场的时候，应该求得一个善终。

永远都要把绝技留到最后，是大师们的谋略，其精到之处表现在授业的方式上面。

必须永远技高一筹、永远能为人师。传艺应该有术，切勿尽其所知、罄其所有。只有这样才能保持名望、维系尊崇。在悦人与授业的时候，必须谨记缓施渐进的至理。

在任何情况下，备而不用都是维生和制胜的法宝，身居显位者尤当如此。

要 学 会 辩 驳

辩驳是试探的良策，其意不在自逞，而是据以制人。辩驳是对人施压，使之激动的唯一利器；存疑好似开启幽闭心扉的钥匙，能够诱人吐露隐衷。

要想同时窥知一个人的意愿与心思，必得施以缜密的巧计。对一个人的玄虚言辞故作不屑，可以引其泄露深藏的秘密，令之将那秘密渐聚舌端、并最终落入精心编织起来的陷阱之中。听者的漠然能令言者疏于防范，从而探明其原本讳莫如深的心机。佯装不解是知所欲知以偿好奇之心的至灵法宝。

即便是就教，亦应以诘师为策、穷追不舍，以求识理知据，所以，有道是：辩而有节方能成就完教。

犯 蠢 不 可 一 而 再

人们常会为了弥补一件蠢事而再做四件蠢事：以大不智掩饰小不智属于谎骗，而这谎骗应当视为愚蠢，因为需要更多的谎骗予以支撑。

护短总是要比那短本身更糟，不能补过总是要比那过本身更坏。再犯新错就是姑息已犯之错。

大智者也可能不慎失误，但不会一而再，而且，事出偶然，绝非沉疴。

谨防别有居心之人

麻痹人心以乘其不备战而胜之，是势利小人惯用的伎俩。这种人掩饰意图是为了实现意图，甘居人后是为了抢占先机：假出其不意来确保中的。

所以，面对如此明目张胆的觊觎，万万不可放松警觉：其心越是退而求隐，警觉就越要敏锐明察。要用审慎洞彻来者的奸计，循着蛛丝马迹预阻其图谋得逞。

有种人总是心口不一、处心积虑地图谋达到目的。因此，必须明了其退让背后的用心，最好能够使之领悟其用意已经昭然。

学会表述，不只是流畅，尤其是要脉络清晰。

有些人长于孕育，却不善分娩，而心灵的产儿——思想与决断——一旦失去了条理，就必定难见天日。有人好似肚大口小的坛子，与之相反，也有人却是嘴巧而心拙。

思之所成，当能言之凿凿。思成与言凿是两大不同的本领。

明晰的思辨殊堪嘉许，含混的表述只能得到不求其解者的称道。艰深晦涩也许可以显得不俗，然而，言之者本身都是昏昏然不知所云，又怎么能令闻之者昭昭然尽解其意？

爱、恨不会无尽期

今日之友可能会成为明日之敌，而且还是最坏之敌，此种情况确实存在，故而应当早有防备。切勿授柄于为友不忠之辈，这种人会转身置你于死地。

相反，对对手，应该永远敞开和解之门，亦即待之以大度：有益无害。

昔日的报复之举日后可能会变成为梦魇，于是，害人之时的快慰就将成为心头块垒。

行事需用心，切勿恣意

任何恣意妄为都是随性之举而非严肃认真，不会有好的结果。

有些人争讼成性，蛮不讲理，凡事都想压人一头，不知仁厚为何物。这种人如果掌权理政，势必祸害一方，变府衙为团伙，化子民为怨敌，密谋操纵一切，冀望狡计得逞，然而，人们一旦了解了他们的乖戾脾性，就必然会对之群起而攻，阻其梦想成真，令其一事无成。这种人最后只能落得闲气不断、举目无亲的结局。这种人思维失常，也许心灵有病。

对付此等怪物的办法就是，宁可同野人相处也不跟他们为伍，因为野人的愚蛮也要强似他们的兽性。

切 勿 让 人 以 为 工 于 心 计

切勿让人以为自己是个工于心计的人，尽管现今离开了心计简直就已经无法存活。应当谨慎而不是狡诈。

在人际交往中，质朴深得人心，但却不可对任何人都亲密无间。坦诚不能走向极端变成憨傻，精明也不该成为奸滑。

应该以睿智赢得敬重，切勿因为过敏而令人生惧。恳挚之士能得人缘，但却常会受骗。率真盛行于黄金世纪，如今这铸铁时代风靡的是疑忌。

说某人知其当为是赞誉，指其可信；说某人工于心计是贬斥，谓其当防。

狮 皮 不 可 得 ， 狐 皮 也 凑 合

在没有狮子皮可披的情况下，能披狐狸皮也很好。顺应时势是一种超越。成功绝对不会污损名望。

力不足，以智补：方式可以各不相同，或选勇气的阳关道，或选智巧的捷径。

世事多成于谋略而非蛮力之功。智者多胜于莽汉而不是适得其反。谋事不成，鄙夷顿生。

切 勿 无 端 生 事

无论是对自己还是对别人，都千万不要无端生事。不顺心的事情常有，自己的也好，别人的也好，都属自找。

无端生事者随处可见，又全都生活在烦恼之中。这种人一天到晚都有生不完的闲气，总是憋着心火，对什么人、什么事全都看不顺眼。他们思路反常，无不挑剔。

不过，最为有悖常理的还得算那些自己什么事情也做不了却对什么事情又都不说好的人，因为讨嫌之事多种多样，古怪之人无奇不有。

认 真 是 审 慎 的 表 现

舌头如猛兽，一旦脱缚，难再拘禁。舌头是心灵的脉息，聪明人可以从中窥知人的意向，有心人可以从中得识人的心路。

坏至极端而又不显山露水才是真坏。

智者常忌激愤与执迷，最能自制。雅努斯[①]慎于兼顾，阿耳戈斯慎于明察，莫摩斯[②]本该关注手掌上的眼睛而不是胸腔上的窗口。

---

① 雅努斯，古希腊的双面门神。
② 莫摩斯，希腊神话里的夜神之子。

切 勿 过 于 特 立 独 行

有些人，或是刻意造作或是并未觉察，总是明显的与众不同，某些乖僻恰是缺点而非特长。正像某些人因为脸上的特殊缺陷而广为人知一样，这种人则会由于某种过分的举止而遐迩闻名。

特立独行只能引人瞩目，其不合时宜的特异之处不是惹人讪笑就是招人嫌弃。

必须善于把握事态。尽管事态逆势发展，也绝对不可以逆势应对。

任何事情都会有正反两个方面。再好、再有利的事情，如果误触锋刃，也会伤人；再坏、再不利的事情，如果处理得当，也不会有害。很多坏事，如果能从有利的方面去权衡，说不定会变成好事。

凡事都有利弊，关键在于恰当处理。同一个事物，如果从不同的角度去观察，常常会显示出不同的层面，那就请从好的方面去解读吧。

万万不可将好当坏和认坏为好，恰恰是由于这个原因，才会有人事事顺遂、有人处处不畅。小心提防命运的捉弄，这是时时处处都必须谨记的至理。

清 楚 自 己 的 最 大 弱 点

无人没有与其突出长处制衡的弱点，如果自己护短，那弱点必将泛滥肆虐。

立即就从刻意防范的角度出发向其宣战吧，而首先应该做的就是弄清其真正面目：先识之，方能战而胜之；而己识如人，其效更佳。

要想自制，必须先要自知。此弊既除，余瑕尽消。

人们讲话、行事大多不能全凭本意，而是依据情势。让人信以为坏是随便什么人都能做得到的，因为，坏事即使令人难以置信也会非常容易取信。

我们的长处与优点有赖于别人的认同。有人满足于自己占理，然而，这是不够的，还必须巧妙地张扬自己所占之理。造势有时无须大力，功效却是极为显著。言辞可以换得业绩。

在世界这个大家里，不会有任何一件器物，因为不起眼就一年到头连一次也不被动用，哪怕是再不值钱，也会有不可或缺的时候。

人之褒贬皆由好恶。

莫 为 初 次 印 象 所 惑

某些人惯于将第一印象视为正室，而把后来的印象全都当作偏房。由于错觉总是占据了先机，嗣后就不会再有容纳真相的余地。

心不可为初识的对象所动，志不可被初建的言路所夺，否则就是缺乏城府。

有人就像初次启用的酒坛，先盛什么酒——不论是好是坏——就会留下什么味儿。这种浅薄一旦被人发现就会成为祸端，因为能给恶意设计提供可乘之机，心怀叵测之徒定会刻意使其心中留下自己的印记。

切记要为复核留出余隙。要像亚历山大那样两只耳朵各听一方。要给第二、第三印象以机会。轻信印象是低能的表现，与意气用事相差无几。

切忌毁谤，尤其不能背负毁谤之名，因为这是极不光彩的名声。

万万不可工于损人，损人者不仅举步维艰而且还会招人讨厌。损人者必遭报复，被人群起而攻，寡众有别，等不到恶言流布，自己就先已现形。

坏事绝非庆幸之由，最好还是别去议论。拨弄是非者永远都将为人不齿，正人君子虽然有时也会同其相与，但是，主要还是乐其无稽而非赏其才智，毁人者必定会加倍被毁。

学 会 理 智 地 安 排 生 活

要学会理智地安排生活，不能放任自流，而应有所规划与取舍。没有休息的生活过于辛苦，就好像是没有歇脚的长途跋涉。丰富多彩才会幸福。

美好人生的初始阶段应该用于同先人对谈：我们生为认知世界和了解自己，蕴涵真知的典籍能够教会我们做人。

第二阶段理当用于同今人往还：见识与汲取一切人世精粹。世间万物并非齐聚于一地，寰宇之父早已将妆奁分配好了，而且有时还会特别偏向最丑的那个女儿。

第三阶段要完全留给自己：享受高谈阔论的最后乐趣。

并非所有有眼睛的人都睁着眼睛，也不是所有睁着眼睛的人都能看得见事物。

事后明白于事无补，反生懊恼。有些人总是在没得可看的时候才睁眼去看，这种人早在建成家园、置齐产业之前就已经将其毁之殆尽。

想让没有心志的人明白事理很难，想让不谙事理的人心明志坚更难，旁观者会将这种人当成瞎子一样戏弄、耍笑，因为他们耳不能闻、眼不能看。

然而，世上确实不乏此类处于麻木状态之人，他们的存在就是让人不觉其存在。主人没长眼睛，坐骑肯定要受苦：难得会有草料可吃。

勿 将 未 竟 之 事 示 人

勿将未竟之事示人，应该让人享受得见其成的喜悦。

凡事初始之时均不具形，其残缺状态会给人留下持久的印象，待到完成之后，印在脑海中的破败境况也会让人难以认可其完美。

直接欣赏一件精美之作的本身就足以赏心悦目，尽管无以评价其组成部件。成形之前，一切都是空话，即便是在始成之初，其实也更近于无。

目睹佳肴的烹制只能令人作呕而不会使人开胃，所以，切记：真正的大师都会拒绝让人看到自己尚未完成的作品。要以造化为师：物未成形，切勿示人。

世事并非成于思，还需见诸行。

大智之人常易受骗，因为，他们虽有绝学，但却缺乏更为具体的普通生活常识。对繁难问题的专注使他们无暇顾及日常琐事。在浅薄大众的眼里，这种人，由于对本该深悉和尽人皆知的事情一无所知，不是高不可攀就是傻瓜白痴。

所以，真正的聪明人应该尽量有点务实精神，以确保不会被骗乃至遭到戏弄，要做务实之人，虽然算不得高尚，但却是生活之所必须。

不能付诸实践的知识又有何用？现如今，知道应该怎么生活才是真知。

切 勿 误 判 别 人 的 好 恶

误判好恶定会弄巧成拙。有些人本想做个人情，由于没有摸准脾气，结果反倒讨个没趣。

同样的事情，有人以为是讨好，有人认为是侮辱。原本是想逢迎，结果反倒成了冒犯。得罪一个人的代价，有时候会远远超过取悦一个人的付出。

误投所好不可能被人领情也不会得到回报。不了解一个人的脾性，肯定不能使之欢喜，所以，说者意在奉承、听者以为受辱的事情实乃咎由自取。还有人自恃巧舌可以邀宠，殊不知他的聒噪惹人心烦。

宁可缄口取益而不轻诺招损。

在攸关荣辱的事情上，永远都要与人协同共进，务使人家在考虑自身荣辱的时候能够顾及别人的得失。

任何时候都不要轻信，倘若是非得相信不可，一定要尽力做到确保无虞。

只有休戚与共、同命相连，才能避免同道摇身一变而成指控。

学 会 求 告

求告之事，有人最难启齿，有人乐此不疲。有人逢求必应，对这种人无需设计寻机；有人习惯于开口就是拒绝，对此类人则需用些智巧。

不管是对什么人，最重要的是选对时机：乘其或因肉体或因精神得到了满足的高兴时候。喜庆的日子人心趋善，而且是由里及外，被求者不会深究求告者的潜意。

切勿在见到有人遭拒的时候开口，因为当事者已经不会顾忌将那个"不"字再说一遍。在人心情不好的时候，很难会有可乘之机。

先前做下的人情是一种铺垫，但是猥琐之徒未必知恩图报。

将人情做在日后有需之前，是真正有心之人的精明。恩惠施之于成功之前，是知情重义的表现。

预施之恩有两大突显之处：施之者的爽快使受之者更觉欠情。同是一惠，先为质，后成债。人情自有其转化的方式：在居高者是为赏，在受之者则当偿。

这只是就注重情义之人而言。对势利小人，则是宜拒不宜激，办法就是先收利市。

切勿分享要人的隐密

分享要人的隐秘，原以为能得到甜梨，结果得到的却是石子。许多人就是死于知人根底。这种人好比是面包做成的汤匙，下场只能是将与面包无异。跟要人交往不是受惠而是凶险。

很多人摔碎镜子，就是因为镜子照出了自己的缺欠：没人愿意同知其底细者相谋，知人所短者不会受到欢迎。切勿使人受制于己，特别是权贵。应该多施恩少受惠。

推心置腹的告白尤其危险。对人披露隐秘就是让自己成其奴隶，对权贵而言，这是不堪忍受的拘束。他们渴望恢复失去了的自由，从而不顾一切，包括理智。

所以，对别人的隐秘，最好还是勿听也勿泄。

如果不是小有欠缺的话，很多人真的就可以称之为非常了不起的人了，然而，正是那个小小的不足使之永远成为不了完人。

有些人，如能稍加注意完全可能变得更好。他们缺少了点严肃认真，故而不能尽显其德；还有些人（尤其是位高权重者）稍欠温柔，而这又正是其亲眷感之最切的不足；有的应该多些果决，有的理当更为沉稳。

所有这些缺欠，如果是认识到了，很容易就能弥补，因为，只要用心就可以将积习转化为新的品性。

切 勿 过 分

切勿过分,沉稳更为重要。知之过多是冒尖,而一般尖细的部分总是容易折损。扎实的真知更为牢靠。

聪敏是好事,但是不能卖弄。过多纠缠枝节有害无益。最好还是抓住实质、切中要害。

也许只有大智大慧者才会以故意装傻为进退之计，事实上也的确有许多时候，真知恰恰要显得很无知。不能真的无知，但是可以装作无知。

没有必要对傻瓜显摆学问、对疯子表明清醒。

应该是对什么人就讲什么话：装傻不是真傻；犯傻才是真傻。一般的傻是傻，出格的傻不是傻，心机甚至都得用到这个份上。想要得人缘，唯一的办法就是要装出傻得不能再傻的样子。

对玩笑，
要承受得起而不乱开

承受得起玩笑是大度，乱开玩笑可能惹事。

在大家高兴的场合翻脸，说明一个人骨子里没有教养，其表现则更差。重口味的玩笑容易讨巧，能够承受是有肚量的表现。越是承受不起玩笑的人，越要被人取笑。

听之任之也许更好，最保险的办法是不去挑事。许多大祸都是源自于玩笑。开玩笑需要小心与智巧。开口之前必须清楚当事者所能承受的限度。

有些人凡事都是有始无终，有意尝试，但却无力坚持：天生没有恒心。这种人永远都不会赢得赞誉，因为有头无尾，功败不继。

正如耐心是比利时人的长处一样，缺乏耐性恰恰是许多西班牙人生而有之的弱点。前者毕功，后者败事：可能会一直奋斗到渡过了难关，但却就此满足，不知道应该夺取最后的胜利。这种人表明了自己有能力，只是缺乏斗志。但是，这终究还是无能和轻率的表现。

如果当为，为什么不能善始善终？如果不当为，为什么又要轻举妄动？

所以，精明的猎手应该是杀死猎物，而不能只是将之轰出就算完事。

不 能 一 味 纯 真

做人应兼具蛇蝎的警醒与鸽子的纯真。

没有比欺骗老实人更容易的事情。从不说谎的人会轻信人言，从不骗人的人会轻信人品。上当受骗并不一定就是因为人傻，更可能是由于心善。

有两种人常常可以免于受害：有过教训者，自己吃过苦头；生性奸狡者，惯于算计别人。

做人应该精于设防、巧于识诈，切勿憨厚到为人提供使奸弄诈机会的地步。应该既是鸽子又是蛇蝎：不是想当妖魔，而是要做人杰。

善 做 人 情

有些人善于将自己受益变成替人出力：明明是自己受惠，倒仿佛——或者让人觉得——是在施恩。

确有那种绝顶聪明之人，原本有求于人却像是对被求之人的抬举，能让自己所得到的好处化作别人的荣幸，以至于把事情铺排得使人在施恩的时候反而以为是在受惠，从而极其巧妙地调换了人情的施受关系，至少也是令人弄不清到底谁是施者、谁是受者：他们用巧言换实惠，假借讨其一欢的手法曲意逢迎与谄媚；他们用虚言作砝码，把原本自己所欠的人情转化成人家对自己的感戴。

这种人能够反客为主，与其说是能言善辩，倒不如说是精于权谋。这的确可以称得上绝顶聪明，然而，真正的精明应该是能够看穿他们的伎俩，以其人之道还治其人之身，退还其逢迎、讨回自己应受之惠。

以 也 许 独 特 而 反 常 的 方 式 思 维

以也许独特而反常的方式思维，表明才智超群。

切勿器重对你从无异议的人，因为，这表明他们爱的不是你而是他们自己；切勿被甜言蜜语所迷惑并进而予以回报，而是应当对之痛加斥责。

同样，还应该以自己被某些人非议为荣，特别是当非议你的恰是那些惯于对好人百般挑剔之人的时候。

如果你的所做所为人人称好，倒是应该反躬自省，因为，那表明你的作为不很得当：尽善尽美，绝少有人能够做到。

切勿向没有要求你道歉的人致歉。即便是要你道歉，过分自责也属不当。

不合时宜地主动赔礼是自揽过错，无疾开刀等于是自讨苦吃和授人以柄。自发道歉能够唤起本来没有的怀疑。

聪明人万万不可对别人的怀疑吃心，否则就是自取其辱，在这种情况下，应以自己的坦荡举止使那怀疑不攻自破。

识 宜 广 而 欲 宜 少

知识应该广博一些，欲求应该减少一点。有些人的想法偏偏与此相反。

悠闲胜似操劳。我们唯一拥有的就是时间，这是没有立身之地者的居所。

将宝贵的生命耗费在庸碌俗务、或过量的高尚雅事上面同样都是不幸，不应该让职守和妒羡使自己不堪重负，否则就是残害生命、扼杀心志。有人将这一道理推及求知，但是，人无知则无以为生。

有人专爱时新，易走极端。其所感、所爱如同滴蜡。最后的一滴总是要遮没此前所有的痕迹。

这种人永远都不可能成为知交，因为，得之容易，其去也速。任何人都会影响其行止。

这种人万万不可深信，就像是一辈子都长不大的孩子：变化莫测、喜怒无常，永远都是摇摆不定、心志不坚、头脑不清、忽东忽西。

莫 待 临 终 始 为 生

有些人开始的时候耽于偷闲，而把辛劳留到最后时刻。

应该以本为先，如有余裕，再求其次。

也有人未曾开战就幻想已经得胜。还有人治学始于细枝末节，而将功利之学留到生命将尽之际。更有人尚未开始致富，就已经心衰力竭。

无论是求知还是谋生，关键在于路数要对。

何时该做逆向思维？当别人居心不良的时候。

对某些人，任何时候都要反其道而行之：其"是"应为"否"，其"否"应为"是"，其所贬应理解为恰是其所欲，因为，只有自己想得到才会力促别人放弃。

并非说好就一定是称赞，有人为了不称赞好人，也会说坏人的好话，口说谁都不坏的人，其实是认为谁都不好。

人 道 与 天 道

当视天道不存而求人道，当视人道不存而求天道。这是大师[①]的信条，无须置评。

[①] 指圣伊纳爵·德·罗耀拉（1491—1556），西班牙神学家，16 世纪天主教改革运动中具有影响的人物，耶稣会的创始人。

既 不 能 只 顾 自 己
也 不 能 全 为 别 人

只顾自己和全为别人，都是常见的偏颇。

只顾自己，进而就会将一切据为己有。这种人丝毫不知退让、不肯牺牲自己的点滴利益。他们很少助人，自恃运气好，常有虚假的通达感。做人也许应该想到别人，只有这样别人才会也想到你。担任公职者就应当成为公仆，否则就该如那位老妇对哈德良 ① 所说：“请你辞职以便卸去负担。”

另有一种人则恰恰相反，他们全为别人。凡事过了头就是愚蠢。这种人实属不幸，他们没有一日一时是为自己，有的甚至为别人操劳到了被称为“众人之人”的地步，即便是在料事上，也是对别人清楚、对自己糊涂。

聪明人应该明白：有人前来找你，是因为你对他有用、你能为他做事。

———

① 哈德良（76—138），罗马皇帝，117—138 年在位。

说 理 不 宜 过 透

人们大多并不看重自己能理解的事情，而对不能领悟的事情却会加倍推崇。

一件东西要想被人珍惜，必得所值不菲；人也一样，莫测高深才会让人景慕。在与人论道的时候，务必要显得比对手所预期的更为睿智而深沉，不过，要把握好分寸，不可过分。

如果说同聪明人打交道更需要运用头脑的话，应对大多数人则应该故弄玄虚，切勿露出破绽，令其倾力揣度。人们大多称道不知其所以然的事物，奥秘因其玄妙使人肃然，之所以称道是因为听到别人称道。

祸，从不单行，同福一样，总是结伴而至。

福与祸通常都会结伙集群，因为人人都会避祸趋福。就连生性淳朴的鸽子也知道朝着最白的地方飞去。

遭遇不幸的人一无所有，连自己都把握不了，思无头绪、苦无慰藉。

切勿让灾殃从酣梦中惊醒。初始时的滑动尚不足虑，可是，继之而来的却将是那不知其所止的滚坡：正像福无至福一样，祸也绝对没有止境。

对天降之祸，只能默默受之；对地生之祸，却要小心应对。

熟谙为善之道

为善之道在于细水长流。切勿超出可能的限度：赐之过量不是赐，而是售。

不可促成情重难报之势，一旦无以为报，就会不报。使人欠下不偿之债足以失去其心：令之去而避偿、化欠情为衔恨。

泥偶绝对不会乐见塑成其身的艺人，受惠者绝对不会愿意同其恩主照面。施的诀窍在于价虽不高却能恰如所愿，非如此，则不能被人珍惜。

做人应当常备不懈，以应对那些无礼、冥顽、狂傲之徒，以及其他种种傻瓜笨蛋。

这类人多得不可计数。明智的做法就是不要与之直面相对。每天都应刻意做好准备，只有这样才能避免此类无谓的麻烦。提早预防可以确保声名免遭受损之虞：心有防备，小人难得近身。

世事维艰，遍布毁名败誉的险滩暗礁。当学尤利西斯①的机智，避而不就最为安全。在这里，巧妙地躲闪是为良策。尤其应当厚以待人，这是成功的唯一捷径。

———————

① 尤利西斯，罗马神话里的英雄，即希腊神话里的奥德修斯。奥德修斯是荷马史诗《奥德赛》的主人公，以智慧、机敏、勇敢著称。

切 勿 与 人 断 然 决 裂

决裂总会导致声名受损。

人人都有可能成为对手，但是，并非人人都能成为朋友。乐善好施者寡，为非作歹几乎人人都能。在与甲虫决裂的当天，雄鹰尽管躲进了朱庇特怀中却也未觉安稳。①

伺机待动的虚伪小人，会为坦荡之士的率直生气上火。交恶的朋友会是最为凶险的敌人：揭人之短不遗余力，护己之短唯恐不及。旁观者总是言其所感、感其所愿，或责其始之缺乏远见，或责其终之不够耐心，众口一词谓其失于理智。

如果必得分手，应以说得过去的方式：宁可疏远，切勿断然翻脸。在这种情况下，潇洒退出最为合宜。

---

① 朱庇特是罗马神话中的主神，即希腊神话中的宙斯。典故参见《伊索寓言》。

切勿独立孤行，尤其是身处危难中的时候，否则必将独自承受全部恶果。有些人原本是想大权独揽，结果却不得不面对所有的非难。

所以，需要有人为你开脱责任或者帮你分担祸患。两个人携手可以更好地对付厄运与众怨。

正是由于这个原因，聪明的医生，在下错药方之后，不会不假借咨询之名找人帮助自己搬运尸体。

重负与痛楚应该找人分担，独自面对灾殃会令人不堪其苦。

避 害 与 变 害 为 利

避害要比报复更为聪明。化敌为友是非凡的智慧。这是变威胁为防护。

善做人情非常重要。一心感恩就无暇为害。能够化忧为喜才算会活。还是将仇怨转化成为知心吧。

亲情、友情、再大的人情都远不足以让人推心置腹。

最亲密的关系也会有间隙，而这并不违背亲好的原则。朋友之间总会有些深藏心底的隐秘，亲生儿子也会对父亲有所保留。

有些事情，对一些人守口如瓶，却又对另一些人毫不避讳，反之亦然。坦诚与坚拒，恰恰是亲疏远近的标志。

切 勿 执 迷 于 蠢 行

有些人会坚持错误，因为，他们觉得，既然开始就错了，坚持下去才是意志恒定的表现。

这种人心里知道自己错了，可是表面上却要极力狡辩，殊不知，开始出错，会被认为是出于无意；如果坚持不改，则会被确认为是笨蛋。

不慎的承诺和错误的决断不应成为约束。所以，坚持错误并一意孤行，无疑是想当不知悔改的讨厌鬼。

能够忘却不仅是策略，更是幸福。

那些最应该忘掉的东西，往往是最经常被记起的。

记忆这东西，不仅可恶（越是需要的时候越不管用）而且还很愚蠢（总是在不该掺和的时候瞎掺和）：对让人伤心的事情精明有加，对令人高兴的事情却又漫不经心。

治病的药方常常是应该忘掉疾病，事实上被忘掉的恰恰正是那药方。所以，最好还是让记忆习惯于令人如此惬意的忘却吧，因为，使人乐过或苦过也就足够了。

那些无欲无求者又当别论，他们总是没心没肺地傻乐呵。

许 多 好 东 西
不 一 定 非 得 拥 有

同样的好东西，别人的要比自己的更能讨人喜欢。

头一天主人视之为珍，随后外人就会当成是宝。别人的东西备具魅力，一是没有坏损之虞，二是让人觉得新奇。一切好东西都会唤起贪欲，甚至连别人家的清水也会让人觉得像佳酿一般香醇。

拥有不仅会消减魅力，而且还会平添出借与不借的烦恼。拥有无异于代人保管，结果却是招致嫌怨而没人领情。

时运善谲，而且千方百计地寻人不备之机。

才思、理智、心境乃至容颜均须时时等待考验，因为你自鸣得意的日子很可能就是你狼狈之期，最需要提防的时候总是疏于戒备，未曾想到就是致命的闪失。

世人的关注也时常会循此理：乘人漫不经心的当口，对其品行苛责挑剔。有备之日显而易见，人们自会刻意不计，而是专找最最意想不到的时机，检验其真正的价值。

善 令 部 属 承 担 重 任

就像溺水有助于提高泳技一样，适时的重任成就了许多人的功名。

就这样，很多人脱颖而出，因为，如果没有这一机遇，他们的才干乃至学识会在蛰伏中遭到埋没。

危难能够造就威名，英雄有了用武之地方能大显身手。天主教女王伊莎贝拉①就深谙这种加负以及其他种种道理，伟大船长②的威望以及其他许多人的千古英名，全都得益于她的果决襄助：她以自己的英明决断成就了一代伟人。

————

① 伊莎贝拉（1451—1504），西班牙卡斯蒂利亚国王。1479年，她与丈夫阿拉贡国王斐迪南二世联和统治之后，完成了永久统一西班牙的大业，继而又支持和赞助了哥伦布发现新大陆的航行。教皇亚历山大六世加封她及其丈夫为"天主教国王"。

② 指意大利航海家哥伦布（1451—1506）。他于1492年8月3日率领船队从西班牙的巴罗斯港出海西行，同年10月12日抵达加勒比海的巴哈马群岛。此行被后世称之为发现美洲大陆之旅。

好好先生是指任何时候都不动肝火的人。麻木不仁者缺少人性。这种人并非都是生而冷漠，而是因为低能。

适时的喜怒原本是人的本能反应，就连鸟雀都会对徒具人形的物件待之不恭。

酸甜间品是拥有上好口味的证明，孩子和白痴才会只嗜甜品。甘当麻木不仁的好好先生是大错特错。

言 柔 性 谦

利器伤身，恶言伤心。

佳饴可令呵气若兰。显示风范乃是做人的一大诀窍。世事多成以言，言足以能够排难。气度总会得到相应的回报，王者仪态定然自是凌人。

理当口中常含蜜糖以饯所出之言，甜言甚至能够化解仇敌的嫌怨。只有谦和才能广结人缘。

两个人同做一样的事情，差别只是在于对时机的把握：一者恰值其时，一者适得其反。

一开始理解颠倒了的人，随后必然会一直颠倒下去：置先于后，将右当左，以至于直到最后全都别别扭扭。

只需尽快清醒。勉力去做本该乐而为之的事情，然而，聪明人很快就能理清孰先孰后，从而得心应手、功成名就。

善 用 履 新 之 机

新人受宠。新以变化普遍讨巧。人们的兴趣时有变化，一个履新的庸才会比一个习以为常的巨擘更为被人器重。名望也会耗损并渐次衰颓。

切记：新之光焰灿无多时，过不了几天就不再为众目所瞩。

所以，要善加利用新宠的优势，赶在招嫌之前，尽可能从中受益，因为，新劲一过，人心就会冷却，新之可喜就会变成老之讨嫌。

请相信：凡事都曾有过自己的契机，只是已经时过境迁。

凡事只要喜欢者众，就必定有其可取之处；尽管说不出其中的奥妙，却能给人以乐趣。

特立独行总是让人讨厌，如果是错在自己，更会成为笑柄。失誉的是自外者的孤陋而非事物本身，其人势必会因其缺少品位而遭孤立。

如果难辨好坏，就当藏拙，且勿贸然置喙，不识多属无知。

众口一词，不是果真名不虚传，就是众望所归。

学 识 不 丰 当 选 慎 行

学识不丰当选慎行，尽管很难博得聪敏之名，却会因为踏实而得到认可。见多识广者可以放手而为和标新立异，才疏学浅又想顶风冒险无异于临崖自尽。

任何时候都应该使用自己的右手，确有把握方才不会有失。知之不多，当选坦途。

总而言之，不论知多与知少，保险要比张狂更为明智。

礼让是做下更大的人情。

怀有欲望的求索，永远及不上慷慨还情的赐予。礼让不是施舍，而是让人欠下情分。慷慨就是最大的人情。

对于君子而言，没有什么东西能比别人的赐予更为珍贵。赐予是重复销售和两次收费：物之本价和人情之所值。

当然，小人不知慷慨为何物、不懂礼尚往来。

知 人 脾 性

只有熟知与之交往者的脾性，才能明了其居心。凡事，知因才能知果，先知其因，再明其意。

悲观者总是预言灾殃，愤世者专事挑剔抱怨：他们看到的全是负面，因为感受不到确实存在的积极因素，而耽于宣示可能会有的最坏结局。偏激的人讲话总是与事实不符：他们依凭的是冲动而不是理性。如果人人都只顾自己的好恶和情绪，结果一定会是大家全都谬之千里。

必须学会察言观色并从神情变化中解析人的心灵。应该能够分辨什么人是因为弱智而笑口常开、什么人又永远都不会强赔笑脸。务必提防好事之徒或寻衅滋事之流的包打听。

切勿指望面相狰恶的人能做好事，这种人常对造化怀有报复之心，既然苍天对其不厚，他们自然也就不会善待苍天。美艳则是常与愚昧共生并行。

魅力是一种看似谦和的诱惑。

要用优雅风度去博取人心，而不是实际利益，或是二者兼而得之。只有人品不够，还需讨人喜欢。讨人喜欢是悦众要诀、是最为实际的服众手段。

被人垂青是运气，不过还得勤加修炼：天生丽质，琢后更佳。只有这样，才会得宠于人，乃至万众归心。

随 众 而 不 失 尊

不能总是一本正经和气势汹汹，这是风度问题。要想合群，就得放下架子。

有时候可以随众从俗，但是不能失去自尊，广庭之下被看成傻瓜，背地里也绝对不会被当作聪明人。一日的恣肆不仅足以葬送此前的一切经营，而且还会富富有余。

不能总是落落寡合，与众不同就是对他人的不屑；不过，更不可以扭捏作态，那是女人的事情。故作高雅也是可笑的。男人最好就是要像个男人，女人完全可以效法男人的做派，但是，男人却不能像女人。

俗话说，人的状态七年有一变：必须依此改善并提升自己的品格。第一个七年终了之时开始明白事理，此后每过七年都会有一个进步。

应该注意这一自然变化，以促其完成并寄望于随后的每一个周期都能有所升华，就这样，随着境遇或职事的变化，很多人的做派也就发生了改变，而这改变，常常是不到过分明显的时候不会被人觉察。

按年龄作比喻，应该是：二十像孔雀，三十如狮子，四十似骆驼，五十若蟒蛇，六十同家狗，七十成猴子，八十变废物。

展 露 才 华

展露才华是指表现自己的长处。凡事各有其机：必须善加把握。绝非天天都是良辰。

确有能够使微成著、令著成奇的高人。所示如果确实超凡，必将更加让人刮目。有些民族善事彰显，西班牙人即是其中翘楚。

阳光能使造物立即显形。表现具有充实和补益之功，可以生发再造之效。如果物有其实，这功、这效则会尤为卓著。

苍天造物但却力戒炫示，因为炫示无不失之故弄，所以表现亦须得法。即便是至善也有其局限，并非总能得到认可。示而失度，必得其反。任何长处都忌造作，而且也总是葬送于这一缺憾，因为，造作近乎虚荣，而虚荣则是令人不齿。表现应当适度，以免流于鄙俗。

明智之士无不对过甚持有异议。有时候更是无言胜有言、无意胜有意，巧妙的掩饰反而可以成为有效的炫示，因为，深藏不露更能激起人们的好奇。

不将己之所长一次露尽堪称诀窍，应该一点一点地展示，渐次推进，以使一长成为另一更长的铺垫，让人们对前长的喝彩变作对后续诸长的期待。

切 忌 强 出 头

在任何事情上都不要冒尖，一旦出了头，长处也会成缺点。

这种情况常常源于卓尔不群。卓尔不群向来招嫉。卓尔不群者必成孤家寡人。即便是在姿容方面，过美亦非幸事：引人瞩目必生嫌隙，未被认可的超凡尤甚。

不过，确实也有人愿意以恶扬名，坏事做绝以求昭著。推而至于论学，过则沦为卖弄。

默对异词，必须区分是别有用心还是属于无稽。

异词并非都是抗辩，说不定会是圈套。所以，既要防止无谓争论又要避免落入陷阱。

奸细是最善于设防的人，对付意图窥探他人心思者，最好的反制办法就是用警觉将心扉从里面锁起。

堂 堂 正 正 做 人

守德行义已经成为过去，人际交情不复存在了，感恩知报鲜有人为，以怨报德遂成世风。有的民族整个地陷入了尔虞我诈的境地之中：时刻担心有人背叛、有人无恒、有人蒙骗。

那么，切勿将别人的劣迹奉为效法的楷模，就让其成为自己的警钟吧。恶行昭彰已令刚正难存。

然而，正人君子永远都不会因为别人的所为，而丧失自我。

方家的一句轻赞要比一群愚氓的喝彩更为珍贵，因为，凡夫的鼓噪算不上称许。

智者用头脑讲话，所以，他们的夸奖会给人以永恒的满足。清醒、智慧的安提柯①将自己的全部业绩归功于芝诺②，柏拉图则称亚里士多德为自己唯一的弟子。

有些人只是关注填饱肚子，却不在意吃下去的不过是秕糠麸皮。

就连君王也都仰赖文人墨客，对他们的翎管③的顾忌远甚于画家手中的彩笔。

---

① 安提柯（约前319—前239），芝诺的学生，马其顿国王，曾使其王国确立了对希腊的霸主地位。
② 芝诺（约前335—约前263），希腊思想家、斯多葛哲学学派创立者。
③ 翎管，指西方古代用翎翮削制的书写用笔。

善用隐身之法

善用隐身之法，或为赢得敬重，或为提高名望。

晤面常会败兴，思念有助仰慕。未识之时可能被当成狮子；得见之后方知不过尔尔。伸手可及的珍稀难显其辉，因为首先看到的是其外在皮毛而非厚重精髓。

想象所及大于眼力，骗局大多成于耳闻而败于目击。能保众望所归者盛名不衰，就连凤凰也是以隐自重、借望争宠。

确有聪明过人之人，然而，哪个聪明过人之人不带点疯狂？

创新是聪明人的专利，而择机则是审慎之士的特长。

创新也是天赋，而且还是更为难得的天赋。因为选择是很多人都已经做到了的事情，能够真正成功创新的可就不多了，而且又全都是那些才学出众并占得先机的人。

创新是诱人的，如果能够有成，则是好上加好。在有关理智的事情上创新会因怪异而有风险，在与智慧相关的事情上创新应该称赞。不论在哪方面创新，只要取得成功，全都值得庆贺。

切 勿 多 管 闲 事

莫管闲事，可免难堪。

要想被人尊重，必得先能自重。对自己，严苛好于放纵。受人欢迎才能得到款待。

切勿不请自到，不可无命而往。自己招揽的事情，一旦出了纰漏，必得自己承担所有的埋怨；即便顺利，也不会有人领情。好事之徒没人待见。厚着脸皮自呈，结果只能是自讨没趣。

必须了解清楚遭难的人、并注意他是否会求你与他共担风险。

人们常会求人帮助自己渡过难关，那些平时对你不理不睬的人这时候也会向你招手。救助溺水的人需要特别小心，万万不可搭上自家的性命。

切 勿 完 全 仰 赖 于 人

切勿完全仰赖于人，完全仰赖于人就会变成为奴隶和俗人。

有人生而比别人幸运：幸运者施恩，不幸者受惠。

自由贵于馈赠，因为，赠品可以得而复失。一个人应该为有人仰仗自己而自己不依赖别人而高兴。

位尊唯一的好处是可以多做善事。尤其不能将所收人情当成便宜，人情大多是人家精心设计下的制约手段。

永远不要感情用事，否则必酿祸端。

不能自制的时候千万不可盲动，冲动必定导致丧失理智。遇到这种情况，应该从一个心平气和的理智第三者角度加以审视。

旁观者因为无须掺杂感情而总是要比当局者更为清醒。一旦发觉自家火气上升，就应该运用理智加以遏制，勿令情绪失控，否则就会干出鲁莽的事情，从而使自己一时之间铸成多日难平的愧悔和招来别人的非议。

顺 应 时 势

理事、思考问题均需顺应时势。凡事都要为在能为之时，因为，时机不会等人。

切勿按照模式生活，除非是为了彰显操守；切勿为欲求制定具体条规，说不定明天就得啜饮今日弃绝之水。

有些人不识时务竟至荒谬的地步，妄图事事都遂自己的心愿，而不是相反。然而，真正的聪明人却明白：理智的准星是适时而动。

人的最大缺点就是显露出自己是人。一旦被发现其非常世俗，一个人就不会再被视之为神。

轻浮是名望的最大克星。正如庄重的人会被视为与众不同一样，轻浮的人则是难以被认可为人。没有能比轻浮更为有损人格的缺点，因为，轻浮恰与沉稳相对。

轻浮之辈绝无内涵可言，愈老则愈甚，尽管年龄本该使人理智。这一瑕疵并不因为有之者众，而就被人另眼相看、免受谴责。

敬、爱兼得方可谓福

为了持续让人敬重，就不应被人过爱。

爱比恨更容易恣肆，爱与敬难相共存。

不应太被人惧，也不能太为人爱，由爱可致无间，因无间而致失敬。爱中敬多于情才是人间正道。

要用理智的观察应对审慎的经心。欲识人心，必得有心。知悉人的性情与资质，要比辨识花草和砂石的特点及功用更为重要。这是人生最为细致的活动。

以声音辨别金属，从谈吐判定为人。言辞固然可以揭示人品，然而，举止更能尽显其真。

所以，需要有非凡的警觉、深刻的观察、敏锐的感知与精准的判断。

要 让 人 品 主 宰 职 守

要让人品主宰职守，而不是相反。职位再高，也需表明人品更高。无尽才华可以假借职务得以拓展与昭显。

心胸狭窄的人容易受到职位的迷惑并最终身败名裂，伟大的奥古斯都 ① 引以为自豪的，是其超凡的人品而不是其君王的尊荣。

心灵的崇高才是真正的崇高，理智的自信才会真正有益。

---

① 奥古斯都（前 63—14），古罗马帝国的皇帝。

成熟不仅见诸形貌，更会见诸行为举止。金贵以其质重，人贵以其德馨。成熟是集德之成，令人起敬。

人的外表是其心灵的体现，成熟不应轻浮得摇摆不定，而当表现出沉稳的威仪：言则珠玑，行则必果。

成熟是指历练有素，因为，越成熟就越具个性，随着稚气的脱除，逐渐变得庄重而威严。

　控　制　情　感

每个人都会按照自己的需要去诠释事物，并列举种种依据。大多情况下，结论总会受到情感的制约。二人相争，都说自己有理，可是，理只有一个，永远不会变成两张面孔。

面对这种尴尬，聪明人应该反躬自省，经过自查，也许会修正对别人的评价。

或许，更应换位思考，从对方的角度去核查其动机。这样一来，既不会胡乱指责别人，也不会盲目自信。

越是潦倒的人就越愿意摆阔。

这种人总是坦然地故弄玄虚，以求哗众取宠，结果只能是贻笑于广庭。虚荣向来可厌，在此更成笑柄。蝇营于名利的小人专注于乞讨业绩。

应该尽可能少地炫耀自己之所长，只管去做，让别人去夸夸其谈吧。做出成绩来，但是，不要去叫卖。更不必赁得妙笔赞污泥。

应该努力做个真正的英雄，而不是只图貌似。

要 做 有 德 而 且 是 大 德 的 人

大德成就高人。大德得一可抵诸多小德之和。

能使自己之所为皆成不俗，甚而至于化平凡为神奇者令人敬佩：越是超凡脱俗的人，越应努力使自己的精神境界崇高纯净。

上帝的一切都是无垠的、广袤的，人杰亦当如是：一切都须博大、宏伟，以使所行、所言皆具恢弘、磅礴之势。

能够想着自己的一言一行都有人在看着，或者将被人看到的人令人肃然起敬。

这种人知道隔墙有耳、劣迹必泄的道理。即便是索居独处时，也会持身如在众目睽睽之下，因为他明白：若要人不知，除非己莫为，所以，他会将日后的知情者当成是眼前的目击证人。

行事不避人者，从不担心邻居可能会窥视自己在家中的所作所为。

创 造 奇 迹 有 三 宝

丰沛的智慧、深刻的见地和豁达的性情，是造就洒脱人生的最重要秉赋。

成思敏捷是一大长处，然而，思之得法、明辨是非更为重要。智慧应该是勤重于敏，不能植根于脊梁。思之有成是理智的结晶。

人在二十岁时做事凭兴致，三十岁时用头脑，四十岁时靠理性。

有人的悟性好似猞猁的眼睛，愈是暗处愈犀利。有人的悟性能随机，总能随心所欲，无往而不利，真是幸运至极，不过，豁达的性情可以受用终身。

让 人 可 望 而 不 可 及

哪怕是玉液琼浆，也只可置于人的唇边。攫取的欲望是珍视
程度的标志。即便是对待口渴，高明的做法是刺激而非消解。

好而少，倍加为好。一而再，快意大减。餍足是祸，可令盖
世奇珍也遭唾弃，保持魅力的唯一方法就是：吊着胃口，让
人可望而不可及。

如果必定要让人厌弃，宁愿是使其失去得到的指望，而非因
为享受过后的腻烦。费尽辛苦得来的欢乐会更加让人陶醉。

总 而 言 之 ： 要 做 圣 人

千言万语汇成一句话：要做圣人。

节操是连接一切美德的链条，是幸福与欢乐的核心。节操可以使人兼具慎重、殷勤、精明、睿智、博学、有为、沉稳、刚正、快乐、可敬等种种品格和成为人人爱慕的真正精英。

幸福有三个要素：圣洁、健康和聪慧。节操是尘世的太阳，并以良知作为根基。

节操乃是至美，兼得神与人的垂顾。没有什么比节操更为可爱，没有什么比恶癖更为可鄙。节操是实，余者皆虚。才干与人品应以节操而不是财富作为衡量的尺度。有了节操就等于有了一切。节操可让活着的人可亲，能令死去的人让人追怀。

译 者 简 介

译者 | 张广森

著名学者，西班牙语翻译家，生于 1938 年，1960 年
毕业于北京外国语学院（现北京外国语大学）西班牙
语系，后留校任教二十余年。

1976—1983 年曾主编《外国文学》杂志，第一时间将
优秀的外国文学作品介绍给中国读者；主编的《新西
汉词典》《袖珍西汉词典》，至今仍是西语界最权威最
畅销的案头工具书；1985—1996 年期间，在拉美工作
生活长达八年，深入了解拉美社会、文化、政治的方
方面面。

经典译著包括《堂吉诃德》《智慧书》《博尔赫斯全
集·诗歌卷》《漫评人生》《帝国轶闻》《漫歌》等拉
丁美洲著名作家的代表作，译文因准确传神、生动
鲜活，在翻译界和读者中广受好评，长销不衰。

著述：

《袖珍西汉词典》（主编）

《新西汉词典》（主要定稿人）

译著

长篇小说：

《合同子》（松苏内吉，西班牙）

《养身地》（伊卡萨，厄瓜多尔）

《帝国轶闻》（德尔·帕索，墨西哥）

《拉美西葡文学大家精品丛书》

《堂吉诃德》（塞万提斯，西班牙）

《天空的皮肤》（波尼亚托夫斯卡，墨西哥）

《深谷幽城》（法西奥林塞，哥伦比亚）

《融融暖意》（托雷斯，西班牙）

诗歌：

《贝克凯尔抒情诗集》（西班牙）

《漫歌》（聂鲁达，智利）

《布宜诺斯艾利斯激情》《诗人》《老虎的金黄》

《铁币》《为六弦琴而作》《天数》《密谋》等七集

戏剧：

《不该爱的女人》（贝纳文特，西班牙）

其他：

《智慧书（做人要义与修身之道）》（格拉西安，西班牙）

《圣贤·智者·政要》（格拉西安，西班牙）

《漫评人生》（长篇哲理小说，格拉西安，西班牙）

| 策　划 | |
| 出　品 | 大星 |

出 品 人	吴怀尧　周公度
	邵　飞　胡云剑
版权所有	大星文化
产品经理	谌　毓
美术编辑	李孝红
封面设计	王贝贝
产品监制	陈　俊

投稿邮箱 | dxwh@zuojiabang.cn

渠道合作 | 021-60839180

官方微博 | @大星文化 @中国作家榜

作家榜官方网站 | www.zuojiabang.cn

作家榜官方微博 | @中国作家榜（每天都在免费送经典好书）

作家榜阅读APP | 免费下载·百大名著·永久畅读

下载作家榜 APP
百大名著·永久畅读

作家榜官方微博
经典好书免费送